教育部　财政部职业院校教师素质提高计划成果系列丛书
职教师资培养资源开发项目（VTNE066）
“营养与食品卫生”专业主干课程教材

项目牵头单位：哈尔滨商业大学
项目负责人：郑昌江

烹调原理

郑昌江　主编

科学出版社
北京

内 容 简 介

本书是以职业性、技术性和示范性为导向，将烹饪的专业理论知识和烹调实践相结合，为培养学生建立在烹饪科学基础之上的烹饪技能及创新能力奠定理论基础。通过教材整体构思、表现形式和内容组织等方面的积极探索，力争拓宽、夯实烹饪专业的学科基础。其核心内容是菜肴属性的形成机制和方式，主要包括菜肴的色、味、香、型、质的形成过程及原理，以及菜肴感官评价方法、检测仪器的应用等方面的理论与知识，是指导烹饪专业烹调实践的一本重要的专业基础课程教材。

本书虽然为烹饪与营养教育本科专业教学而编写，但也可以作为其他烹饪专业及相关专业师生的参考书。同时，也是专业厨师提高烹饪理论基础的必修教材。

图书在版编目（CIP）数据

烹调原理 / 郑昌江主编. —北京：科学出版社，2017.6

教育部 财政部职业院校教师素质提高计划成果系列丛书

ISBN 978-7-03-053426-2

Ⅰ. ①烹… Ⅱ. ①郑… Ⅲ. ①烹饪理论－高等职业教育－教材 Ⅳ. ① TS972.11

中国版本图书馆CIP数据核字（2017）第133797号

责任编辑：王玉时 韩书云 / 责任校对：樊雅琼

责任印制：赵 博 / 封面设计：迷底书装

科学出版社 出版

北京东黄城根北街 16 号

邮政编码：100717

http://www.sciencep.com

北京厚诚则铭印刷科技有限公司印刷

科学出版社发行 各地新华书店经销

*

2017 年 6 月第 一 版 开本：787×1092 1/16

2026 年 2 月第十一次印刷 印张：10 1/4

字数：250 000

定价：49.80 元

（如有印装质量问题，我社负责调换）

《烹调原理》编写人员名单

主　编　郑昌江

副主编　刘树萍

编　委（按姓氏汉语拼音排序）

崔震昆（河南科技学院）

李　越（哈尔滨商业大学）

刘树萍（哈尔滨商业大学）

芦健萍（哈尔滨商业大学）

郑昌江（哈尔滨商业大学）

主　审　张传军（吉林农业科技学院）

出版说明

《国家中长期教育改革和发展规划纲要（2010—2020年）》颁布实施以来，我国职业教育进入到加快构建现代职业教育体系、全面提高技能型人才培养质量的新阶段。加快发展现代职业教育，实现职业教育改革发展新跨越，对职业学校“双师型”教师队伍建设提出了更高的要求。为此，教育部明确提出，要以推动教师专业化为引领，以加强“双师型”教师队伍建设为重点，以创新制度和机制为动力，以完善培养培训体系为保障，以实施素质提高计划为抓手，统筹规划，突出重点，改革创新，狠抓落实，切实提升职业院校教师队伍整体素质和建设水平，加快建成一支师德高尚、素质优良、技艺精湛、结构合理、专兼结合的高素质专业化的“双师型”教师队伍，为建设具有中国特色、世界水平的现代职业教育体系提供强有力的师资保障。

目前，我国共有60余所高校正在开展职教师资培养，但由于教师培养标准的缺失和培养课程资源的匮乏，制约了“双师型”教师培养质量的提高。为完善教师培养标准和课程体系，教育部、财政部在“职业院校教师素质提高计划”框架内专门设置了职教师资培养资源开发项目，中央财政划拨1.5亿元，系统开发用于本科专业职教师资培养标准、培养方案、核心课程和特色教材等系列资源。其中，包括88个专业项目，12个资格考试制度开发等公共项目。该项目由42家开设职业技术师范专业的高等学校牵头，组织近千家科研院所、职业学校、行业企业共同研发，一大批专家学者、优秀校长、一线教师、企业工程技术人员参与其中。

经过三年的努力，培养资源开发项目取得了丰硕成果。一是开发了中等职业学校88个专业（类）职教师资本科培养资源项目，内容包括专业教师标准、专业教师培养标准、评价方案，以及一系列专业课程大纲、主干课程教材及数字化资源；二是取得了6项公共基础研究成果，内容包括职教师资培养模式、国际职教师资培养、教育理论课程、质量保障体系、教学资源中心建设和学习平台开发等；三是完成了18个专业大类职教师资资格标准及认证考试标准开发。上述成果，共计800多本正式出版物。总体来说，培养资源开发项目实现了高效益：形成了一大批资源，填补了相关标准和资源的空白；凝聚了一支研发队伍，强化了教师培养的“校—企—校”协同；引领了一批高校的教学改革，带动了“双师型”教师的专业化培养。职教师资培养资源开发项目是支撑专业化培养的一项系统化、基础性工程，是加强职教教师培养培训一体化建设的关键环节，也是对职教师资培养培训基地教师专业化培养实践、教师教育研究能力的系统检阅。

自2013年项目立项开题以来，各项目承担单位、项目负责人及全体开发人员做了大量深入细致的工作，结合职教教师培养实践，研发出很多填补空白、体现科学性和前瞻性的成果，有力推进了“双师型”教师专门化培养向更深层次发展。同时，专家指导委员会的各位专家以及项目管理办公室的各位同志，克服了许多困难，按照两部对项目开发工作的总体要求，为实施项目管理、研发、检查等投入了大量时间和心血，也为各个项目提供了专业的咨询和指导，有力地保障了项目实施和成果质量。在此，我们一并表示衷心的感谢。

教育部 财政部职业院校教师素质
提高计划成果系列丛书编写委员会
2016年3月

前 言

“烹调原理”是以菜肴的属性为主线，围绕着菜肴属性的形成而展开，揭示了菜肴烹制过程中基本的物理及化学变化，并服务于烹饪工艺实践的一门重要的专业基础课程。

本书是为适应我国高等教育烹饪与营养教育专业发展的需要，培养适应职业教育的具有理论基础、掌握操作技能、综合素质高的“双师型”人才，着重学生的烹饪理论基础和培养创新能力而编写的教材。本书在编写过程中，以菜肴属性的形成作为主线，充分利用已有的科学理论知识构建“烹调原理”的理论体系，力求将科学理论与烹饪实践相结合，将菜肴的属性与原理相结合，渗透职业性、专业性、示范性相融合的理念。在此基础上，增加了菜肴的感官评价方法，通过感官评价方法的学习与掌握，提高菜肴品质评价的科学性和评价的信度。

本书既是高等院校烹饪与营养教育专业的教材，又可作为相关专业的参考资料与培训教材。全书由哈尔滨商业大学郑昌江任主编并负责全书统稿，刘树萍为副主编。具体分工如下：哈尔滨商业大学郑昌江编写第一章和第二章；哈尔滨商业大学芦健萍编写第三章；哈尔滨商业大学刘树萍编写第四章、第五章和第八章；河南科技学院崔震昆编写第六章；哈尔滨商业大学李越编写第七章。全书由吉林农业科技学院张传军教授主审。

在本书编写过程中，编者参考了大量的文献资料，在此向相关作者表示诚挚的谢意！

在本书编写过程中，编者深感水平有限、编撰困难。但是，为了烹饪与营养教育专业的课程体系建设，还是抛出了这块“砖”，期待引出“玉”来。本书无论是内容上还是体例上都是一种新的尝试，难免存在不当之处，敬请读者批评指正。

编 者

2017 年 1 月

目　　录

第一章　绪　论

本章的学习将有助于你回答下列问题：

1. 烹调原理的内涵是什么？
2. 烹调原理研究的对象包括哪些？
3. 学习烹调原理应掌握哪些专业基础理论？

烹饪作为一个专业，是以烹饪与营养教育的形式，满足为中等职业学校培养烹饪专业教师的特殊需要，于2012年正式列入了我国大学本科专业目录（专业代码082708T），这意味着烹饪专业由原来的目录外专业（040333W）正式地成为我国大学教育的本科专业，为培养新一代的烹饪教师和技术人才打开了科学殿堂的大门，为烹饪技术的科学传承与发展奠定了基础。然而，烹饪专业的基础建设与现代教育的要求还有一定的距离，学科基础薄弱，师资队伍不足，科研力量单薄。烹调原理作为烹饪专业的专业基础课程，试图在科学的基础上阐释烹饪的原理，探索烹饪的规律，进一步推动烹饪的学科建设。

烹饪是一门传统的技艺，其内涵具有科学和艺术的属性。研究其科学的内涵，需要从目前只用科学理论来阐释烹饪现象，逐渐转移到找出规律、运用科学的方法研究烹饪，将烹饪建立在有规律可循、便于把握的科学基础上，使这门传统的技艺插上科学的翅膀，进而培养学生的"问题意识""创新意识""前沿意识"及科学研究的动手能力。

继承与发展我国的烹饪技艺，离不开理论上的思维，更不能没有科学的研究方法，"烹调原理"课程则是这方面的入门与向导。

第一节　烹调原理的概念

目前，对"烹调原理"这一概念还没有一个完整的解释，也缺少系统的研究。因此，研究烹调原理，还应遵循一般的研究方法，从其概念、范畴入手。

一、烹调原理的内涵

"原理"一词，现代汉语词典中的解释为："原理是指某一领域、部门或学科认为具有普遍意义的基本定律或科学道理。"原理一般是指在大量观察、实践的基础上，经过归纳、概括而得出的，既能指导实践，又必须经受实践检验的基本规律。因此，原理具有两层含义：①带有普遍性的、最基本的、具有指导意义的规律；②具有普遍意义的道理。任何事物都有自己的发展规律，规律是事物本身所固有的，只有对十分丰富的现象进行分析研究，从感性认识上升到理性认识才能认识规律。食物原料由生变熟的过程，有其自身的规律，这一规律具有普遍性，只有掌握了这一普遍规律，才能随心所欲地按照自己的需要烹制菜肴（面点）。例如，烹制清蒸鱼，无论调成什么口味，蒸的火候是关键，决定着菜肴的质地与口感。再如，无论是烹制宫保鸡丁、酱爆鸡丁，还是辣子鸡丁，其共性的基础就是选好料，这个共性的基础是烹制这类菜肴的普遍规律。因此，烹制菜肴（面点）中的普遍规律决定了菜肴（面点）的本质与属性。烹调原理就是指在烹制菜肴（面点）过程中的基本规律或科学道理。从科学的原理出发，可以推演出事物发展的规律，这些规律对进一步实践起指导性作用，这是烹调原理的意义所在。由于菜肴是烹调的核心内容，本书将以剖析阐述菜肴形成的机制为主，因此，在后面的章节中将“菜肴（面点）”统一表述为“菜肴”。

在原理指导下的烹调在现实中普遍存在。人们是从无意识地反复实践中总结出了不可颠覆的规律，按照这些规律就能烹制出符合要求的菜肴。现在，人们在掌握了这些规律后，开始有意识地运用这些规律来烹制菜肴。例如，利用大气压与水沸点的关系，发明了高压锅，进而用高压锅烹制出了很多菜肴。近几年流行的压锅鱼、压锅排骨、压锅鸡块等，就是充分利用了高压锅不漏气、温度高的特点，利用原料中自有的水分，烹制出原汁原味的菜肴，备受人们的喜爱。清炸、干炸的菜肴，其质地要求是外焦里嫩，为了使菜肴达到这样的质地要求，有经验的人都知道不能一次性炸好，要过两遍油（又称重油或复炸）。这其中的道理就是利用传导换热原理实现的。传导换热是物体上的两部分连续存在着温度差，则热将从高温部分自动地流向低温部分，直至整个物体各部分的温度相同为止。将所要炸的食物放入热油锅内，由于油与食物之间存在着温差，这样热量则由表及里地向食物的内部传递，炸到食物即将成熟（断生）时捞出，待油温再次升高时，将食物放入炸第二遍，其热量也是由表及里传导，当食物表面的水分蒸发殆尽时，不等热量完全向食物的内部传递时，就将食物捞出，由于食物的表面含的水分很少，构成了焦酥的口感，而食物的内部由于保留了较多的水分而使其质地鲜嫩。所以，外焦里嫩的菜肴除了原料本身因素以外，就是通过热量传导的方式来实现的。

二、烹调原理的外延

概念的内涵是指概念所反映的事物的特性或本质；概念的外延是指反映在概念中的一个个、一类类的事物。例如，“商品”这个概念的内涵是“用于交换的劳动产品”，而它的外延是指“现实中的商品”。烹调原理的内涵则是烹制菜肴过程中具有普遍意义的基本规律或科学道理，这些基本规律或科学道理是通过菜肴表现出来的，反映在菜肴的色、味、香、型、质上，菜肴的色、味、香、型、质是菜肴特定的属性。这些属性是如何形成的，正是烹调原理所要阐述、研究的对象。因此，将烹调原理作为一个概念的话，其外延则是菜肴属性形成的方式与机制，也是烹调原理研究的对象。

烹调原理是烹调中普遍存在的一般规律，只有掌握了这些规律，才能在烹调的实践中得以充分利用和发挥。烹调原理是烹调规律的理论表述，它依赖于其他科学的概念、定律、方法、范畴等，并根据烹调的实践经验建立起自己的理论体系，这种理论体系需要不断地研究与探索，才能逐步地完善起来，才能真正反哺于烹饪的实践，促进其发展。

第二节　烹调原理的研究范畴

烹调原理作为一门课程还处于起步阶段。到目前为止，称为《烹调原理》的书籍目前只有两本，一本为张起钧先生的《烹调原理》，1999 年由中国商业出版社出版，该书共分三篇，从烹、调、配三个方面对烹调的基本现象进行了阐述；另一本为闫喜霜先生的《烹调原理》，主要从生物化学、食品化学的角度对烹调的一些现象进行了阐述。前者并非是教材，而后者也没有按菜肴形成的过程系统阐述烹调中的基本规律。因此，阐述烹调原理还处于探索之中，对于烹调原理研究的对象及范围也还没有系统的阐述。

一、烹调原理的学科属性

科学界定烹调原理研究的对象和范围十分重要。食品科学是烹饪专业的学科基础，但是，烹饪产品的形成与食品工业产品的形成有着更深刻的文化背景。因此，烹调原理的学科属性表现在以下几个方面。

1. 烹调原理属于自然科学范畴

自然科学是研究自然界各种物质运动、变化和发展规律或本质的科学。烹调原理研究的对象是菜肴，主要探讨菜肴的形成过程或规律。从食物原料到菜肴，要经历一系列的物理变化和化学变化，这些变化虽然受着诸多因素的影响，但是也有其自身的变化规律，因而菜肴的形成过程具有自然科学的属性。

2. 烹调原理属于多学科交互渗透的边缘学科领域

一个菜肴的形成从其形式上看是简单，但是从原料到人体消化吸收却是一个复杂的过程，这一过程只用一两个学科理论是很难说清楚的。例如，原料的品质涉及农学，储存运输涉及储运学，烹饪加工涉及力学、传热学、食品化学，从入口到消化吸收涉及生理学、生物化学等。这些学科对菜肴的形成及人们对其的喜爱程度，或多或少都产生着影响，甚至起着决定性的作用。因此，烹调原理是建立在多学科基础上的，属于交叉学科。

3. 烹调原理具有社会科学的属性

社会科学是研究人类社会运动变化和发展规律的学科。人不仅具有自然物质（生物）的属性，还具有社会属性，人类的饮食生活受到社会环境的影响，由此有中餐、西餐之分，有四大菜系之说。同是一种原料，在不同的国家和地区就有不同的做法和吃法，而随着社会环境、人的社会地位、经济条件的变化，人类对菜肴的要求也随之变化，并对整个烹饪过程产生影响，因而烹调原理具有明显的社会科学属性。

4. 烹调原理受我国古代哲学的深刻影响

哲学是关于自然、社会和思维中最一般的共同规律的科学。任何一门自然学科的发展都离不开哲学的作用。烹饪是人类最早的发明，对烹饪过程的把握无不受到当时哲学思想的影响。例如，我国古代的阴阳、五行学说、“适”和“度”等哲学思想都影响着人们对烹调的认识与把握，人们常说的“恰到火候”就是这些思想影响的结果。在这些哲学思想的影响下，我国独特的烹饪理论与技术体系得以构建。

二、烹调原理研究的对象

从学术范围来看，自然科学的研究对象是自然界的不同领域，而社会科学的研究对象是社会现象的不同领域。当一个新的学科出现时，自然科学一般均首先要考察对象的物理性状和化学性状，要了解它们的起源、形成机制、形态、结构、特征、性质等基本要素，以判明其与其他对象的区别。社会科学一般从事物的起源开始研究，研究它是怎样产生的，进而从历史的发展渊源进一步了解它的特征和性质，与其他对象的区别。从这一观点出发，烹调原理研究的对象包括以下几点。

1. 研究菜肴的属性

人类的食物来源相当广泛，凡是含有人体所需要的营养成分，能被人体消化吸收，对人体无毒害的动物、植物、矿物等都可以作为人类的食物。但是，绝大多数的食物不能被直接食用，要经过烹调形成诱人食欲、便于消化吸收的菜肴，才能作为人们日常的食物。所以，没有烹饪的食物称为原材料，即食材。食材与菜肴的区别就在于菜肴具有适应人们饮食习惯的色、味、香、型、质的性质，这些性质称为菜肴的属性。烹调原理是将菜肴的属性作为研究对象，判明菜肴属性的类别、特征、性质等基本要素。

2. 研究菜肴属性的形成

菜肴的属性是通过烹调来实现的，这一实现的过程要发生一系列的物理、化学变化。例如，通过刀工来形成菜肴的形状是一种常用方法，也可以用加热的方法来达到菜肴所具备的形状。又如，通过搭配、油炸可以形成诱人的食色。这些变化有简单的物理变化，也有较复杂的化学变化。烹调原理就是研究这些变化是如何发生的，在菜肴属性形成过程中的作用等。

3. 研究食物原材料对形成菜肴属性的影响

由于食物原材料品种不同、生长的环境不同、收获季节的差异，其品质各不相同，再加上人们饮食口味上的需求，食材的差异很大。清代的袁枚在《随园食单》中明确指出："凡物各有先天，如人各有资禀……物性不良，虽易牙烹之，亦无味也。"因此，研究食材对形成菜肴属性的影响，是烹调菜肴的前提与基础。

4. 研究烹调方法对菜肴属性的影响

烹调方法是形成菜肴属性的必要手段。烹调方法的多少是由食材多寡、饮食的嗜好决定的，一般食材的范围越广，对应的方法也就越多，所形成的菜肴属性也就越呈现出多样化。随着社会的发展，新的食材越来越多，进而会带动烹调方法的发展。因此，烹调原理不仅要研究传统的烹调方法对菜肴属性的影响，也要研究新食材用何种方法才能烹制出色、味、香、型、质俱佳的菜肴。

5. 研究饮食习俗对菜肴属性的影响

饮食习俗决定了一个民族或一个地区人们吃什么、怎样吃，因而影响着菜肴的属性。人们的饮食习俗主要表现在"心理积淀"上，它不仅是一个人长期形成的习惯，更是一个民族传承沉积而成的心理习惯，由于这种积淀在人们心中形成了一定的观念定势、思维定势、价值观定势，因而积重难返。所以，研究饮食习俗是烹调菜肴、创新菜肴的基础。

三、烹调原理研究的范围

研究对象与研究范围有着密不可分的联系。如果说研究对象是侧重于从内涵上认识研究客体，那么研究范围就是侧重于从外延上把握研究客体。研究对象决定着研究范围，研究范围反过来有助于认识研究对象。烹调原理研究的范围应包括以下几点。

1）运用物理学、化学、生物学、微生物学和食品科学的基础知识，研究烹调中的变化，通过适当的烹调方法控制这些变化向着有利于菜肴特定属性形成的方向转变。

2）运用历史学、民俗学、心理学的基础知识，研究菜肴属性形成过程中的历史因素、民俗因素和心理因素的影响，探索菜肴社会属性发展的规律、条件和文化与物质基础，为烹饪创新提供文化支持。

3）通过"鼎中之变"的研究，摸索菜肴属性形成的规律，逐渐形成烹饪科学研究的方法体系，开展更广泛和深入的科学研究，为提高菜肴质量、创新菜肴提供理论依据，并指导烹饪实践。

4）通过烹饪的科学研究，对传统的烹饪技术、传统的菜点进行标准化测试，确定技术参数，为烹饪的机械化、自动化、智能化奠定基础。

第三节 烹调原理的学习要求

烹调原理属于多学科交叉的边缘学科，并且处于起步阶段，无论是教师还是学生都处于探索和学习阶段，还要经过很长时间甚至几代人的努力才能真正建立起烹调原理的学科体系。因此，讲好、学好烹调原理要做到以下几点。

1）要有较扎实的学科基础。烹调原理是以物理、化学、生物学、微生物学、生理学为其学科基础，掌握这些学科的基础知识与理论是学好烹调原理的基础。例如，鸡蛋清为什么能形成稳定的泡沫？要回答这个问题就要从胶体化学中找答案。过去和现在，在烹饪界还普遍认为鸡蛋清形成泡沫是蛋白质的变性作用或物理的应力作用，这是错误的，其原因就是书没有读到位，没有更深入地思考。当前，烹调原理的任务就是用相关学科的理论来解释烹饪中的现象，进行定性分析，完成了这一阶段，才能进行定量研究，完善其学科体系，使其在烹饪实践中起指导的作用。

2）要了解历史学、民俗学、心理学等学科的知识。这些知识是烹调原理的社会属性的学科基础。一个菜肴的形成有其诸多因素（图 1-1），正因为有这些因素的影响，仅用自然科学的知识和理论不能完全解释一个菜肴之所以这样而不能那样。例如，中式的拌菜有多种原料、多种口味，而西餐的拌菜不仅原料种类少，口味也单一；又如，同是炖牛肉，各国的口味有着很大的差异。为什么会是这样，仅用物理或化学方面的知识是解释不清的。因此，广泛阅读与运用这些知识是学习烹调原理不可或缺的。

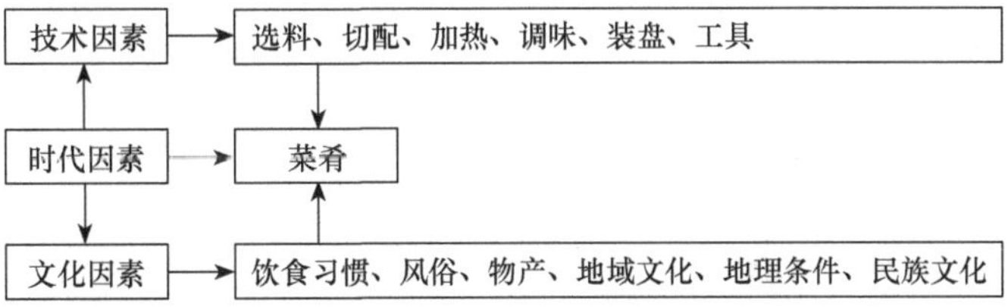

图 1-1 一个菜肴的形成因素

3）要掌握科学实验的方法。传统的烹饪研究缺乏现代的科学研究方法，致使烹饪的理论研究滞后于烹饪的实践。因此，现在的菜肴创新缺乏必要的理论支撑。科学实验的方法是使传统的烹饪技术走向科学殿堂的必要手段，研究烹饪并不是就科学而科学，其目的是指导烹饪的实践、服务于烹饪的实践。现在学习中餐的成本很高，尤其是时间的成本，一个人从学徒开始，如果没有三五年的时间很难成为独当一面的厨师。这不仅是手工传艺的原因，更多的是因为要靠学习者不断摸索和领悟。例如，盐少许、味精适量、颠翻几次出勺等概念很模糊，要掌握这些概念，就要经过多次的实践才能有一个较清晰的量的把握。因此，通过烹调原理的教学与学习，摸索出进行烹饪科学实验的方法，形成烹饪研究系统的科学方法，为深入开展烹饪的科学研究奠定基础。

4）将烹调原理的学习与烹饪工艺的学习联系在一起。烹调原理应是烹饪工艺的学科基础，烹饪工艺是烹调原理的表现形式，它们之间相互联系，相互促进。如果学习烹调原理不将烹调工艺与其联系在一起，就失去了学习的意义，所进行的科学研究就成了无源之水、无本之木。因此，烹饪工艺的学习是开展烹饪科学研究的基础，促进烹饪工艺的发展是学习烹调原理的目的。

讨论题

1. 如何理解烹调原理？
2. 举例说明烹调原理研究的意义。
3. 试论述学习烹调原理的专业基础。

阅读引导

1. 张起钧. 1999. 烹调原理［M］. 北京：中国商业出版社

全书分为烹、调、配三篇，从烹调的内涵和外延为问题的起点，以哲学家的角度对我国的烹饪现象及本质进行了全面的阐述。

2. 闫喜霜. 2000. 烹调原理［M］. 北京：中国轻工业出版社

该书系统阐述了烹饪科学及烹调原理的相关基础理论，从生物学、生理学、生物化学、营养学、物理学、传热学、流体力学等角度，科学地解释了烹调工艺选择的理论依据及各种烹调现象，全面反映了烹调科学研究的最新成果，用科学原理解释烹调的内在规律。全书分绪论、刀工及勺工力学、干货原料的涨发机制、烹调热源、烹调过程中的传热介质及原料的初步熟处理、糊浆芡、调味、菜肴的感官检验8章。

第二章 菜肴属性

本章的学习将有助于你回答下列问题：

1. 什么是菜肴的属性？
2. 菜肴属性的表层结构与深层结构的关系如何？
3. 什么是菜肴的自然属性？
4. 什么是菜肴的社会属性？
5. 菜肴属性的文化基础是什么？

菜肴是烹饪的主要产品，这些产品都有自己的特性，通常被称为菜肴的色、味、香、型、质。菜肴的色、味、香、型、质是人们追求美味的目标，也是判断菜肴的标准，研究菜肴的属性是为了深入了解由食材转化为菜肴的过程，并阐述这些过程对菜肴属性的影响，探索规律，指导烹饪实践，进而使中餐烹饪易学、好掌握，让人们烹制出更多色、味、香、型、质俱佳的菜肴。

第一节 菜肴属性的内涵

界定菜肴的属性，首先要从分析属性的本质入手。属性（attribute）是指物质的固有特性、特征、特质。具体在逻辑学概念中，属性是对象的性质及对象之间关系的统称，如事物的形状、颜色、气味、美丑、善恶、优劣、用途等都是事物的性质；对事物的喜好、对事物的情感等都是事物的关系。从属性的概念可以得知，其包涵了物质的物理及化学性质，并且涵括了与物质有关联的其他物质载体，是一个综合性的表现形式。人们在认识某事物的属性时，往往习惯性地将注意力集中在事物的特有属性上，如事物最直接的外化表现，即事物的颜色、气味、形态特征及功能性；而对事物的本质属性（自然属性），如隐藏于事物内部的结构、事物的规律等，则认识较少或者说难以认识。根据属性的一般阐述，可以将菜肴属性概括为食物原材料在饮食习俗引导下经过烹饪工艺制成的菜肴所具有的特性及特质。菜肴的特性和特质不仅包括菜肴外在的表现形式，即菜肴的色、味、香、型、质及它们之间的关系，还包括菜肴内在的本质，即菜肴的营养性、安全性。这种菜肴外在的表现形式和内在的本质之间的关系决定着菜肴属性的结构，菜肴属性的结构是由诸要素组成的系统及各个组成要素之间相互联系、相互作用的方式。根据菜肴属性的表现形式，将其属性结构分为表层结构和深层结构。

一、菜肴属性的表层结构

菜肴的色、味、香、型、质是人们的感官能够感知的，是菜肴的表现形式，也是一个区域或民族判断菜肴好坏的标准，菜肴这种显而易见的色、味、香、型、质构成了菜肴属性的表层结构。这种表层结构容易受到外界因素，主要是社会因素的影响而发生变化。例如，同一种原料，现在的做法与古代的做法有着极大的不同。因此，菜肴的色、味、香、型、质也称为菜肴的社会属性，这种表层属性是通过食材和烹饪工艺形成的。

食材是形成菜肴属性的基础，如果食材不良，无论采用何种烹调方法都不能烹制出色、味、香、型、质俱佳的菜肴。例如，烹制清蒸鱼首先要选新鲜、质嫩、味鲜的鱼，如鳜鱼、石斑鱼、鳊鱼等，不新鲜的鱼不适于被烹制成清蒸鱼，但是，其可以被烹制成红烧鱼。因而，烹饪工艺是形成菜肴表层属性的关键要素。

因为烹饪是加工的手段与方法，是对食物原料进行合理的选择、处理、切配，加热调味，使之成为色、香、味、型、质俱佳且安全无害、利于消化吸收、益人健康、强人体质的食物。这种加工手段与方法，在运用时的目的性非常强，是按着人们不同的饮食要求进行的，并不断发生变化，同时将人们的艺术追求融于其中。因此，将传统的烹饪加上后缀，称为烹饪工艺。烹饪工艺是以满足人的饮食需求为目的，以菜肴与点心的制作为研究对象，通过选料、切配、加热、调味使食材成为能满足人们食欲的色、香、味、型、质俱佳的菜肴而使用的方法和过程。正因为烹饪工艺是在人为因素影响下的主观行为，所以菜肴属性的表层结构具有不稳定性，容易受外界的影响而发生变化。

人们生活习惯的改变、食材品种的增加、人们的迁徙与流动、文化技术的交流等都可以引起菜肴属性表层结构的变化。例如，玉米在明代嘉靖三十九年（1560 年）传入我国，到了清代，因为它产量高且耐旱，在北方各地广泛种植，改变了我国北方人的主食结构，出现了玉米饼子、发糕、窝窝头、掺菜饼子、菜团子、玉米糊糊等一系列主食品种，使我国的主食在稻、麦的基础上又增加了一个系列，这些主食都具有独特的属性。番茄、马铃薯的传入，使一系列诸如木须柿子、番茄菜汤、土豆烧牛肉、拔丝土豆等菜肴涌现，新原料的出现不仅对烹饪技术进行了一次选择或改进，丰富了我国传统菜肴的风味特色，同时也改变着人们的饮食习惯。这种现象在当今显现得更加突出，新原料的出现不仅改变着人们的饮食习惯，一个地方的菜肴传到另一个地方，也在影响或改变着另一个地方人们的饮食，这种改变往往通过菜肴的属性表现出来。例如，粤菜对全国菜系的影响，川菜对全国菜系的渗透，都使各地菜肴属性发生了或多或少的变化。龙江菜中带有辣味的菜肴、粤式的菜肴所占的比例都有所提高。因此，菜肴属性的表层结构极易受外界的影响而发生变化，这是菜肴的社会属性。

二、菜肴属性的深层结构

菜肴的安全性和营养性不像菜肴的色、味、香、型、质那样显而易见，它是隐含在菜肴之中，只有通过现代的科学仪器才能检测出来或通过一定的形式（现象）才能反映出来，所以它是菜肴的本质。将这种构成菜肴本质诸要素之间的作用形式，称为菜肴属性的深层结构。菜肴属性的深层结构是由菜肴的安全性和营养性相互之间的作用形成的。菜肴的安全性和营养性表现为菜肴的特质，是菜肴的自然属性，这种自然属性是人们饮食活动的最终目的。

从烹饪及烹饪工艺的概念出发，可以看出，烹饪的直接目的是使食物达到可食性，在这一前提下，烹饪又完善了饮食的其他功能，如诱人食欲、易于咀嚼消化、益体润智等。但是，人们往往关注的是菜肴属性的表层结构（色、味、香、型、质），这是因为菜肴属性深层结构的变化不易察觉。例如，菜肴的营养性，只有人们的生活水平达到一定的标准后，才会关注菜肴的营养价值，而营养又是菜肴的本质所在，无论懂与不懂营养，只要食用了安全的菜肴，都会获得相应的营养。就如无论谁吃了清蒸鸡都会获得鸡肉中蛋白质的补充。因此，菜肴属性深层结构诸要素的变化虽然不像其表层结构变化那样引人注意，但是会影响着人的健康和生长。所以，菜肴的安全性是烹制菜肴的前提条件，而菜肴的营养价值则是烹制菜肴的基础保障。菜肴的安全性和营养性构成了人们饮食的基本需求，菜肴的色、味、香、型、质是人们饮食嗜好的追求。因此，菜肴的表层结构与深层结构是一个有机的整体，不能片面地追求某一方面。

三、菜肴属性的研究范围

从菜肴属性的结构出发，菜肴属性的研究范围是比较宽广的，既包括了菜肴性质本身，也包括了菜肴相关的文化内涵，特别是从烹饪工艺的角度出发，其研究对象比建立在经验技能基础之上的传统烹饪，外延宽泛了很多。目前，立足于传统工艺、发展于现代科学、创新于多元业态的现代饮食，势必会更多地着眼于文化的变迁、生活方式的改变，使菜肴的研究不仅仅停留在菜肴的表层结构的创新上，而是从文化的视角，运用科学的方法，研究菜肴属性结构关系的变化规律及相互影响，从而把握烹饪工艺的发展趋势。

一直以来，菜肴的可食性并不是人们关注的焦点，虽然它的卫生状况及生熟程度直接影响着人体的基本状态和健康，但是其往往被人们所忽视，人们关注的焦点是好吃或不好吃。随着社会的发展，菜肴的安全性和营养价值一定会成为人们选择菜肴的首要条件，这个首要条件正是构成菜肴属性深层结构的诸要素，也是菜肴属性研究的内涵。通俗地讲，就是如何做得科学、吃得健康。

菜肴属性研究的外延则是菜肴属性的表层结构，即菜肴的色、味、香、型、质。这种研究一要靠科学仪器与科学的方法，二要靠感官来鉴定。研究的基础是对烹饪工艺及菜肴属性的了解与把握。人们对菜肴的品评是全官能性的，在这一点上是生活中其他任何事物所不能比拟的。例如，音乐只通过视觉和听觉就能得到人们需求上的满足。而菜肴单凭其属性的某一点，如菜肴的色或味，或者营养价值高，不能满足人们全官能性的需求，人们对菜肴的需求是全方位的，既有生理需求、精神需求，又有心理需求。因此，菜肴的最终表现应该是色、味、香、型、质俱佳，还要安全、富于营养。所以，人们的研究范围，必须确定为菜肴的最佳状态，尽可能全面而深入地了解菜肴内在的变化与外在的表现方式。

菜肴的形成是历史积淀的结果，是受饮食习俗制约的代代传承，因而，现在流行的菜肴就其色、味、香、型、质已经是固化的，并不以某些人的意志所转移。但是，菜肴的属性也和其他事物一样，变化着、发展着是其基本规律，只是这种变化是缓慢的，是随着社会的发展潜移默化的。因此，当研究菜肴属性时，首先，要研究这些已经固化的菜肴属性，分析其特点，摸索其规律，促使一些菜肴向标准化方向转变，为烹制出更多质量更高的菜肴奠定基础。其次，应以研究菜肴现有的属性为切入点，使菜肴的色、味、香、型、质能够满足人们在饮食上逐渐变化的需要。另外，根据社会的发展，创新更多的菜肴，引领人们的饮食生活向更高、更美、更健康的方向发展。

第二节　菜肴的自然属性

无论什么样的菜肴，其基本前提是要提供给人们食用时应具有的全部价值。在食物相对匮乏的年代，填饱肚子是第一要务，安全性是食物基本的判断标准，人们较少考虑食物的营养。社会发展到现在，供人们食用这一基本要素有被淡化的趋势，甚至在意识中有所忽略，一味地追求菜肴（食品）的表层属性，这些现象不能不引起我们的关注与思考。无论是屡屡出现的食物中毒事件，还是瘦肉精、苏丹红、护色剂等工业类物质被用于食品加工中，甚至在菜肴的烹制中也有乱加的现象，这些都在直接危害着人体健康甚至于生命。因此，食品的安全性再次受到人们的关注。

在自然界中，我们很难找寻到某一种食材能够提供人体几乎所有的营养素，就是可以提供，其营养素的比例关系和密集程度也不能完全满足人体所有的需要。但是，作为食物应具有可食性、营养性和安全性，这是食物的本质，是食物的自然属性，也是菜肴的本质属性。

一、菜肴的可食性

菜肴的可食性好像不在讨论的范围之内，食物原材料本身就具有可食性，否则就不能称为食物。但是，菜肴的可食性表现在便于咀嚼、易于消化吸收且安全，它是食材再加工的表现形式。另外，食品添加剂的过量使用，或不是食品添加剂也往食品中添加的现象，会降低菜肴的可食性或安全性。因此，菜肴的可食性体现在以下几个方面。

1. 食材在生、熟状态下的营养价值

单纯从食材营养价值的角度出发，毫无疑问，未经加工处理的植物性或动物性原材料，其营养素处于自然状态，营养素没有被破坏，这时食材的营养价值最高。但是，没有进行加工的食材中的部分营养素却不利于人体的消化吸收，或者不能被利用。而经过加工处理（洗涤、改刀、加热）的食材原料中的维生素和矿物质及其他营养素都会受到不同程度的破坏或影响。但是，通过加工，也会使食材中的蛋白质、糖类和脂类等大分子物质在加热过程中发生有利于人体健康的分解，便于消化吸收。烹饪的本质不仅限于此，还可以通过合理搭配使菜肴的营养成分更全，比例更适宜，营养价值远远高于单一的食材。另外，通过烹制，改善了食材的色、味、香、型、质，增进了人的食欲，不仅提高了人对食物的摄入量，也促进了人体的消化吸收。因此，熟食在人们日常饮食生活中占有绝对的统治地位。

2. 人体对食材生、熟状态的反应

人类发现火并运用火，是人类饮食史上的一次飞跃，进而创造了人类现代饮食文明。火的使用结束了人类原始的生活状态，并大为提升了人类的体力、智力水平。从人体组织及消化系统来看，熟食无疑更好地适应了人体的消化系统，使人体在营养吸收方面和饮食安全方面得到重大突破，并最大限度地改善了食材的原始状态，形成了菜肴的属性，并且使菜肴属性向更高更开阔的方面发展。由于熟食拓展了人类的食物范围，人类获得了更广阔的生存空间。熟食的发明也意味着烹饪的诞生，而烹饪技术在人类发展史上的作用是任何科技发明都不能比拟的。

然而，现代科学的发展，特别是现代医学的发展，让我们进入了更为微观的层面。相关研究表明，人类过多地依赖熟食，不得不面临免疫系统应激能力减弱的困局，人体对外界的抵抗能力也呈下降趋势。基于这一研究，在欧美等发达国家，非常流行“仿古食品”，越来越多的人开始喜欢饮用新鲜蔬菜汁、水果汁，而一些有机绿色蔬菜、水果类、生食菜肴也大行其道，成为普通老百姓餐桌上常见的菜品。一些专家甚至认为“生食疗法”可以帮助患者改善身体状态，激发人体的生理机能，提高人体的免疫力。特别是现代疾病，如高血压、高血脂、糖尿病、心血管疾病等，通过有针对性的生食方式，可以得到明显改善。当然，并非所有的动、植物原材料都适宜生食，生食同样带有风险。

二、菜肴的营养性

营养是机体摄取、消化、吸收和利用食物中的养料以维持生命活动的整个过程。食物中所存在的营养素必须先经过人体的消化、吸收和转化才能被人体所利用，发挥其营养作用。最佳营养供给就是为人类的生存提供最好的营养物质，使人的身体尽可能地处于最佳的生活和工作状态。

菜肴的营养价值是菜肴属性的本质，也是人们就餐吃饭的最终目的。菜肴的营养价值是指菜肴中的营养素和提供的热能可以满足人体需要的程度。当一种菜肴中的营养素和能量满足人体需要的程度高，其营养价值自然就高。因此，整体判断一种菜肴营养价值的高低，涉及营养素的种类、质量和数量，应包含食物的营养素种类、营养素之间的比例、营养素质量和食物中的非营养素成分 4 个方面的内涵。不同的食材、不同的加工烹调方式，使各种营养素实际吸收利用率相差很大。因此，评价菜肴营养性的高低，不仅包括营养素的含量与质量、种类的多少，还应搞清烹饪过程中营养素的损耗率、实际吸收利用率这两个方面。

烹调原理阐述菜肴的营养性，其实是将菜肴的营养价值作为研究的对象之一，重点研究怎样能保持和增加菜肴的营养价值。营养素含量和质量是菜肴营养价值的基础，是一种客观存在，需要研究和思考的就是如何保持其量和质不发生变化或少发生变化。另外，通过适当的食材搭配、适当的烹调方法来增加或提高菜肴的营养价值，是现代烹饪工艺研究的主要内容。尤其是现在天然食物中营养素的含量正在减少，其原因在于食材在生长的过程中，受品种（尤其是改良品种）、种植养殖时间的长短、季节、饲料、肥料等因素的影响，使食材营养素的种类、数量都发生着变化。例如，现在普遍使用的肉食鸡，其生长时间就 40 天（40 日龄），而家养的柴鸡要长到几个月甚至一年，可见它们所含营养成分的量和质有着很大的差异。所以，现在菜肴的营养性显得更为重要，是现代烹饪研究的重要内容。

三、菜肴的安全性

食品安全是指食品中不应含有可能损害或威胁人体健康的有毒、有害物质或因素，进而导致消费者急性或慢性毒害或感染疾病，或产生危及消费者及其后代健康的隐患。菜肴作为食品的重要组成部分，应该无毒、无害，符合人体的营养要求，并对人体健康不造成任何危害。所以，菜肴的安全性是人们对菜肴的基本要求，也是菜肴的基本属性，其安全性取决于食材本身和烹制过程。食材在生产过程和菜肴的烹制过程中，都存在着被污染的风险。菜肴存在不安全性的因素主要有以下三点。

1）食材本身的原因。烹饪原材料主要来源于种植业和养殖业，在种植业生产中有机肥施用时，如忽视严格的卫生管理，就可能将多种侵害人类的病原菌、寄生虫引入农田，或者将化学合成农药通过施肥、灌水或喷洒等途径带入农田，可使许多合成的、难以生物代谢的有毒化学成分残留于农作物中；或者过量使用化肥，这些都会构成对人类健康的危害。在养殖业中由于忽视管理，滥用兽药、抗生素、生长激素等，或将对人体有害的物质混入饲料中，可能导致真菌毒素、人畜共患病原菌、有害化学物质等进入动物体内，为消费者带来致病风险。另外，个别的天然食材也会含有对人体有害的成分，如处理不当也会影响人体健康及生命，如河豚、鲜黄花菜等。这些不安全因素的存在都会给人类饮食带来不安全的风险，用其烹制的菜肴就可能存在不安全的因素。

2）加工过程中的污染。在传统的菜肴（食品）加工过程中，由于加工的方法而导致菜肴产生有毒或有害的物质。例如，传统的烟熏制品，用这些原料作为烹调菜肴的食材就或多或少地存在着危害健康的物质。另外，现代食品工业的产品也作为烹调的原料，而这些食材可能在加工、包装中超标使用添加剂、防腐剂或不卫生包装材料等，也会存在不安全因素。另外，在烹饪过程中的高温煎炸烧烤等，都会形成新的饮食风险。

3）加工过程人为的污染。在烹调过程中如清洗不充分、用具不干净、加热不充分等，都会导致病原菌污染。另外，为了追求菜肴的某种属性（色、味、香）或延长保质期，不当使用食品添加剂、着色剂，甚至使用非食品添加剂，都会增加菜肴的不安全性。

烹调原理研究菜肴的本质属性，是为了通过这些现象去把握这些属性的特征及形成的规律，指导烹调实践，烹制出安全、健康、美味的菜肴。

第三节　菜肴的社会属性

菜肴的社会属性是以区域文化或民族文化为基础而形成的，一般将其称为菜肴的特有属性，即菜肴的色、味、香、型、质，有的还加上“器”。但也有一种归纳的方法是将菜肴的色、味、香、型、质归于菜肴的“自然属性”。

因此，这里需要强调一点，之所以将菜肴的色、味、香、型、质界定为社会属性，是因为尊重这样的一个事实，就是同一种原料在不同的国家、民族、地区，其做法各不相同，口味也有很大的差异，吃的方式也有所不同，具体到色泽、形状、质地等都有很大区别。这些差异的产生不是源于食材本身，而是受传统文化和饮食习俗的影响和制约。例如，同是牛排这种原料，西餐和中餐的烹调方法和对菜肴的质地、口味要求都存在着很大的差别。同是一种鱼，我国各地的做法都各不相同。菜肴本身特点的形成不仅取决于原料本身的特点，还取决于当地的饮食文化。因而，将菜肴的色、味、香、型、质归为社会属性也就不难理解。

一、菜肴的视觉属性

菜肴的视觉属性是指通过人的眼睛能够看得到的菜肴的色泽和形态。色泽和形态是其外在表现形式，其作用是使菜肴美观、诱人食欲和便于烹调与食用。

菜肴的色泽即菜肴呈现的颜色，包括主料与辅料色泽的配合、原料与汁液色泽的配合、调味料的色泽，以及主料与装饰料、器皿色泽的配合所产生的综合色彩效果；由于色泽对人有着强烈的视觉冲击，并由此产生心理、味觉甚至情绪的反应，因此历来为烹调所重视。随着人们饮食审美的提升，菜肴的色泽表现得更为丰富、细腻，也更多地关注了菜肴色泽与就餐环境的关系，与生活习俗和饮食习惯的关系。

菜肴色泽的体现方式多种多样，既有菜肴原料本身的颜色体现，也有烹调加工时所产生的颜色。当然，我们也不能忽视盛器、装饰物、环境，甚至灯光对菜肴色泽的影响。具体体现见表 2-1。

表 2-1 菜肴色泽的体现方式

菜肴自身的色泽	衬托菜肴色泽的因素
菜肴原料本色及在加热前后的变化	盛装菜肴的器皿颜色
有色调味品、食用色素形成的色泽	菜肴装饰物的颜色（有些菜肴没有装饰物）
菜肴成熟后的第一色泽	餐桌或桌布的颜色
菜肴在食用过程中颜色的变化	就餐环境的主体颜色
	灯光及灯光照射菜肴后颜色的变化

从传统观念来看，以往更多地关注了菜肴原料及烹调加工中色泽的变化，而对菜肴色泽的整体表现缺乏全面和具体的认识。从现代人们的饮食心理与饮食追求出发，菜肴本身的色泽并不能满足就餐者的需要。因此，餐厅的装修讲究色调、光线、台布、餐具等的整体效果。这种对菜肴色泽、就餐环境、光线色调的整体把握，是菜肴色泽体现形式的一大进步。

菜肴的形态是菜肴外在属性的又一重要内容。如果说烹饪是艺术与技术的结合，那么菜肴形态的体现则是非常直接而具体的佐证。可以这样认为，菜肴形态的内在与外在气质，从形式上看是烹饪技术的直接成果，而产生这种结果的基础是人们对美的认识，是烹饪艺术的完美表达。

菜肴形状的功能性是使菜肴产生“形态的美感”而满足人们对美味的追求。菜肴的形态是技术与艺术两方面的结合，传统意义上的菜肴形态，一直以来都限制在一个比较单一而狭小的范围，即菜肴的某一个功能性特征，如菜肴原料的刀工处理、菜肴原料的外在形态，或者刻意地表现一种概念，缺乏现代的形态美学和造型美学理念的渗透，过于强调个体表现形态而缺少美学的整体设计，更难说将现代形态美学和造型艺术的空间概念引入菜肴设计中，这就如同当今世界的建筑艺术和文艺复兴的建筑艺术有着太多的不同。

菜肴的形态同属于物质空间形态范畴，伴随着人们生活质量的提高，菜肴形态的体现势必要适应现代审美发展和艺术美的回归。菜肴形态的体现，至少要满足两个方面的要求：第一，菜肴食用功能性与形式审美性并重；第二，菜肴写实性与艺术造型相融合。第一点要求比较朴实，即菜肴要满足食用上的形态要求；第二点则要彰显菜肴的艺术表现形式。两个要求的满足，使得菜肴在形态表现上和谐美观，诱人食欲，符合人们对美味的需求。

结合现代菜肴的发展来看，可以用图 2-1 体现菜肴形态的空间表现，其层次是立体

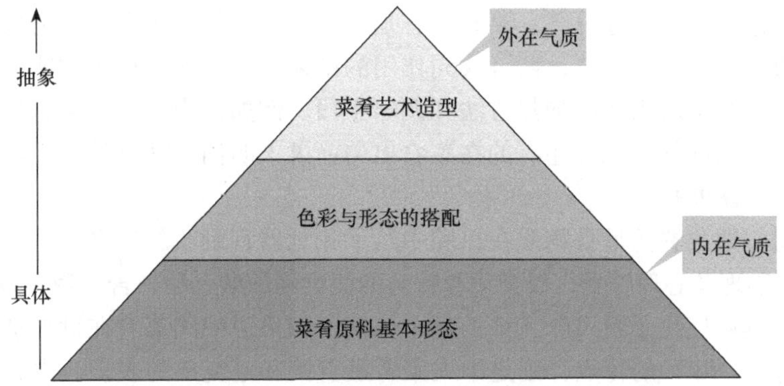

图 2-1 菜肴形态的空间表现

的，也是丰富的。

菜肴形态上的内在气质，从历史的发展轨迹来看，一直以来以朴素实用为特色，从原料的分解开始，就直奔后续的烹调加工，以求烹饪便利，通过合适而多样的刀工处理，使原料表现出条、丁、丝、片、块、粒、茸、段各种不同外在形态。我国厨师非常善于使用特殊刀法，并智慧性地利用传热学原理，使原料表现出特殊的外在形态，既便利了烹调，又简洁地体现出朴素美感，如熘腰花、爆鱿鱼卷、鱼香肉丝等；除了考虑菜肴直接的形态属性要求外，菜肴形态上的内在气质还体现出人文的气息，兼顾食用方便的原则，更好地与人们的审美相融合，更好地与食用工具相匹配，形成菜肴的基本形态美，体现了菜肴整齐划一、和谐美观，突出了我国厨师严谨而细腻的朴素工艺及精湛的技术。

菜肴的艺术造型，属于菜肴形态表现的高级形式。可以这样讲，不是所有的菜肴都要求有艺术造型，但是，艺术造型是最能体现菜肴形态美的外在视觉感受。菜肴的艺术造型属于一种独特的艺术形态，有别于建筑艺术、绘画艺术，除了具有空间上的艺术审美要求外，它还具备独特的食用功能，即空间艺术的审美要服从于食用的要求，这就决定了菜肴艺术造型双重的功效。菜肴造型艺术既然是属于菜肴形态的高级形式，就必须符合美学的要求，它必须要高于菜肴的基本形态范畴，在菜肴的空间位置上综合表达主题韵意，坚持食用的观念，按菜肴点、线、面的立体构造进行表述，无论是借助现代构造艺术，还是采取传统的平面或三维构造，目的只有一个，用艺术的造型表现菜肴的外在气质。

菜肴的形态还与盛器相关，即盛装菜肴的器皿，包括器皿的形状、大小、器皿的质地色彩等。器皿的这些特征要与菜肴的档次、质色相称，整桌菜肴与多种器皿之间的形状、大小、质地色彩配置相协调。器皿虽然有独立于菜肴的个体完整性，但是菜肴却不得不依托器皿来呈现，所以，器皿是菜肴不可或缺的重要组成部分。“美食不如美器”高度概括了器皿在人们饮食生活中的地位。

菜肴的视觉属性不仅是菜肴的外在表现形式，其还会通过这些形式影响人的饮食心理，产生美感、食欲或排斥的心理。

二、菜肴的味觉属性

菜肴的味觉属性是人们追求的重要美感，是菜肴风味特征的集中体现，包括菜肴的香和味两部分。

菜肴香气，即菜肴气味分子扩散进入鼻腔而产生的感觉，包括能嗅到的合乎标准的肉香、鱼香、菜香、果香等香气。菜肴的香是一个比较模糊的概念，严格来讲，通过鼻腔闻到的是香，而尝到的是味，两者共同作用的结果往往被人们称为香味。烹调中为了追求菜肴的香，会采取很多的加热方法和调味手段。例如，为了突出菜肴的蒜香味，一般都是在菜肴出勺前加入蒜，还有的在菜肴出勺前淋入明油，其目的之一也是为了增加菜肴的香味（脂香味）。

菜肴味道，即菜肴的呈香物质在口腔中给予味觉器官刺激的感受，是一种狭义的味感，并不包括物理及心理感受，仅指菜肴特有的能尝到的酸、甜、苦、辣、咸等滋味。

菜肴的味觉属性是菜肴风味特征的集中体现。如果说中国菜肴在世界烹饪中具有特殊的地位，那么“味”的特点，则是中式菜肴最直接和最突出的表现。中式菜肴对于菜品口味的追求，自古以来都放在最显著的位置上，通过对菜肴口味的调配，来达到愉味悦情的目的。

在烹饪术语中，常见到“风味”一词，菜肴风味在一定程度上表明了菜肴的地域性、民族性及饮食偏好，人们常说的四川风味、淮扬风味、山东风味、湖南风味等就非常清晰和直接地表达了菜品的大体口味特征、地域源头及包含的相关饮食文化与民风民俗。从词性的本意上来看，“风味”是指风格、特征与味道、菜肴的特色。所以，广义的风味是指一个地方菜肴总的特点，如四川风味、粤菜风味等。而狭义的菜肴风味则指人们所尝到的、嗅到的及触到的食物在口腔中总的感觉，包括三个方面的要素。

1）味，即食物对舌及咽部的味蕾产生的刺激，包括酸、甜、咸、苦等。

2）香，即食物中各种气味分子微量挥发过程中对鼻腔的神经细胞产生的兴奋作用，若令人感到高兴和快乐称为芳香，否则，令人反感或难以接受。

3）触，即菜肴进入口腔或咀嚼引起的感觉，如辣、热和清凉等。菜肴风味和菜肴味觉属性在广义上基本一致，只是，人们在对菜肴总体特性进行评价时，常用风味特性进行表述，一来可以顺应大多数人的习惯，二来风味一词确实包含很多外化性的涵义，可以给人更多的联想和思考的空间。

菜肴的风味主要是由人的味觉和嗅觉来感受的，但除了口味和气味外，菜肴还具备各式的颜色、形状、质地、温度等属性。从菜肴风味呈现的过程来看，更多地依赖于人的感官，而人的感官能动性是多样的、复杂的，并且从现代医学的角度出发，人有习惯性地将信息进行归类筛选和总结的思维模式，那么对于评价菜肴风味特性，也往往是综合考虑诸多因素，如食物的色泽是否鲜艳，食物的气味是否芳香宜人，食物的口味是否甘甜绵和，食物的形态是否美观大方，食物的质地是否松脆滑嫩，食物的温度是否适口等。而且很显然，就餐者对这些单个的特性，有时会放大其间的某一个因素，缩小甚至无意识地忽略另外某一个因素，这和个体思维差异有直接关系，但是，菜肴味道是一个综合的评价，甚至还会超越菜肴味道本身，将评价范围扩大，如整个就餐环境是否整洁干净，就餐过程中所获取的服务是否及时周详，成本支出是否物超所值等，这些都影响着人们对菜肴味道的评价。

正因为味觉属性所呈现的多样性和人体感官的能动性，两者互相影响，使得菜肴风味呈现出多样性和复杂性。因此，菜肴的味觉属性是菜肴的核心属性，也是烹调工艺研究的核心内容。然而，从菜肴味道形成的角度来讲，还有很多未知的领域，有待于深入研究与探讨。

三、菜肴的触觉属性

菜肴的触觉属性，严格意义上讲，即菜肴触觉感受，是人的口部和手与菜肴接触时所产生的感觉体验，表现为对食物的咬断、咀嚼、品味、吞咽的反应。根据接触时菜肴形变与受力的大小，其应力感受所获取的刺激作用于人脑，从而形成触感。相比菜肴的味觉属性，其触觉属性往往被人们所混淆，这正如菜肴的香气独立于人的嗅觉器官感受，而人们却往往冠以“香味”的称呼，这是由嗅觉与味觉感应的邻近关系和感受的复杂性造成的，从人体感官性能来看，菜肴的触觉属性同样有其独立性，并且有比较鲜明的特征。

在实际情况下，人们获取的菜肴触感更多地表现在口部对菜肴的感受，即人们所说的口感，手对菜肴的触感一般不表现在菜肴食用的终端（少数情况下有的用手拿捏食物来进行判断或食用），而往往停留和表现在对菜肴原料的挑选和整理上，如用手去感触原料的老、嫩、脆、滑、黏、温、热等，而这些并非菜肴的最终状态，真正对菜肴形成质地感觉的，更多依赖于咀嚼与口感。

菜肴的触觉属性取决于菜肴的质地，包括菜肴的老、嫩、滑、韧、软、硬、脆、糯等各种质地。菜肴的质地综合考虑了菜肴本身的物质形态对菜肴口感的影响。

中式菜肴因其长久的历史积淀，对菜肴的色、香、味、型、质有着非同一般的要求，饮食的目的不只是生理需求，对其心理需求和社会需求有更多体现，无论是菜肴的原始态，还是菜肴的相变态，都或多或少地和原料质地、加工过程产生关系，最终形成菜肴质地。质地一词用来表明菜肴的一个重要属性，是非常合理和准确的。

菜肴的质地是和触觉相关的，人们在获取菜肴的物质结构时，往往需要依赖人体触觉器官的判断和识别，手和口分别担任着这样的角色，只是，手往往处在饮食的起端，而口则在饮食的终端，这也是人们习惯将菜肴质地和口感紧密联系甚至是等同看待的原因。但是，菜肴质地并不能构成人体感官的应激反应，要达到感官上的可知程度，需要进一步判断和验证，如用手去触摸、用口去咀嚼和品味，以达到对菜肴物质结构的深层次探究，这样一个完整的过程，才实质性地完成对菜肴的感官反应，即人们常说的“菜肴的质感”。所以，菜肴的质地和菜肴的质感是处在高低层面的两种形态，前者更多地体现物理形态，后者则体现心理形态，并非一个概念。菜肴的触觉感受能鲜明地形成对菜肴质地的探究，视觉感受有时对菜肴质地的判断也起着重要作用，如汤汁的浓稠黏滑、肉质的软滑或酥烂程度，即使不用手和口去触感，但原料表面质地的外观本身就足以给人脑传送一个刺激，从而使人得到一种类似触觉的体验，这种用视觉即完成的质地判断，有点类似于语言学里的“通感”手法，已经幻化了触觉和视觉之间的界限，在菜肴质感中，也属于常规的一类。

菜肴的社会属性随着社会的发展而改变。随着时代进步，生活品质大幅度提升，人们的饮食需求也经历了从生理需求向心理需求、从粗犷向精细、从内容向形式、从单一向多元转化。因此，单纯的菜品表现，已经越来越难以适应社会的要求了，我们必须将研究的范围扩大，将菜肴研究的视野扩展到与人们饮食需求相关联的社会环境及文化环境。

第四节　菜肴社会属性的文化基础

文化起源于吃，这种吃出来的文化，又反作用而影响着吃。有什么样的文化，就会形成什么样的菜肴属性。菜肴的属性首先反映的是一个民族或一个区域的人们吃什么、怎样吃，而他们吃什么或怎样吃，与他们创造什么、生产什么有着直接的关系。平原上的民族依赖于土地形成了农耕文化，进而决定了精调细烹、主副食分野的饮食方式；而生活在草原上的民族，随草逐牧创造了自己的文化，形成了吃手把肉、喝奶茶的饮食特征。这种由长期生活习惯养成的饮食文化具有一定的稳定性和局限性。

一个区域的文化是在一定的自然条件和历史条件下形成的，它带有局限性，这种局限性表现在对文化的选择和对文化的适应性上。例如，与河南人喜欢豫剧、山东人喜欢吕剧、上海人喜欢越剧一样，四川人喜食麻辣、东北人喜食鲜咸、贵州人喜食鲜辣。这种地域文化的局限性是形成菜肴属性的文化基础，具体表现在传统文化和饮食习俗两个方面。

一、传统文化对菜肴属性的影响

菜肴是烹饪的产物，烹饪是人类创造的最早的一种文化。当这种文化由生存的手段逐渐演变成有意识的追求，成为有定势的发展模式时，它必定受着人们精神文化层面上的影响与制约。

1）传统的哲学思想对菜肴属性形成的影响。“和”是我国古典哲学思想的核心。在政治上提倡“人和”“大义”，《庄子·天下》曰：“以仁为恩，以义为理，以礼为行，以乐为和，薰然慈仁，谓之君子。”宋代范仲淹曾说：“政通人和，百废俱兴。”这种思想也反映在我国的烹饪中。例如，《周礼·内饔》中“割烹煎和”的“割烹煎”是指烹饪的局部过程，唯有“和”是指贯穿于烹饪的全过程。在《礼记·内则》中也有“凡和，春多酸，夏多苦，秋多辛，冬多咸，调以滑甘”的阐述。另外，《吕氏春秋·本味篇》中也有记载：“凡味之本，水最为始。五味三材，九沸九变，火为之纪……调和之事，必以甘、酸、苦、辛、咸。先后多少，其齐甚微，皆有自起。”可见，我国古典哲学思想的“和”对我国古代烹饪的影响之深刻，直至今日，这种影响仍在起着作用。

菜肴的“色、味、香、型、质”讲的就是和谐以达到“俱佳”的程度。在调味上也讲究“五味调和，百味香”。另外，在就餐的形式上，我们多数为聚餐式，大家围坐在一起，你推我让，共享一席。对这种就餐的形式，从卫生的角度曾提出了质疑，也尝试着改革，但至今效果甚微。这也说明了这种就餐形式，符合中华民族的心理，这也是古典哲学思想“和”这一范畴在饮食上一种生动的体现，并以菜肴的社会属性（色、味、香、型、质）与就餐的方式为表现形式。

2）传统的饮食思想对菜肴属性的影响。传统的饮食思想体现在一个“适”字，“适”即“适度”，有“节制”。这种饮食思想追其根源也来自我国古典的哲学思想。处事不偏不倚，做事扼守中庸之道，则是自古以来约束人们行为规范的准则。《礼记·坊记》中的“富不足以骄，贫不至于约”，其实质是说为人要“适”而有“节”。《管子·形势解》记载：“饮食节，寒暑适，则身利而寿命益。”做人要“适”，饮食要有“节”。在《内经·素问》中也强调“适”，即“阴之所生，本在五味；阴之五官，伤在五味”。饮食虽然能养身，同时也能伤身。“适度”“有节”也充分体现在烹饪中，《吕氏春秋·本味篇》记载：“熟而不烂，甘而不浓，酸而不酷，咸而不减，辛而不烈，淡而不薄，肥而不腻。”这正是“适”的饮食思想在具体烹饪中的体现，反映在菜肴中就是色、味、香、型、质的和谐有度。从工艺标准化的角度备受批判的烹调用语：盐少许、味精适量、颠翻几次出勺等，都是“适”的思想在烹饪中的反映，只有这个度把握得好才能烹出色、味、香、型、质俱佳的菜肴。

二、饮食习俗对菜肴属性的影响

饮食习俗并非在纯粹的观念作用下形成的，而是直接建立在既定的物质基础之上，是与物质生活状况相适应的，它的形成受着自然条件的制约。人们的饮食习俗影响着菜肴属性的形成、传承与改变。

1）饮食习俗决定菜肴属性的形成。饮食习俗是在自然条件、风俗、宗教等因素的影响下形成的，它使菜肴属性得以形成和传承。

以东北饮食习俗对菜肴属性的影响为例。东北气候寒冷，无霜期短，平均在100～150天。我国古代的东北人，在当时的自然和生产条件下，如果单纯从事农业，其食物来源无法保证。因此，东北古代的人大多数从事渔猎与畜牧生产，有的兼营农业，往往以肉食为主或肉食的比例较大。他们生活在寒冷的环境里，作为生活的手段，要吃下大量的兽肉和脂肪来增加体内的热量，增强对严寒的抵御能力。因此，古代的挹娄人、靺鞨人都“好养猪，食其肉，衣其皮”。女真人、满人也喜食猪肉。蒙古族则“不树五谷，不种蔬菜，渴则取马牛羊之乳而饮之”。至今，手把肉、烤全羊、马奶、奶酪仍是其款待客人的上乘食物。

又如吃冻食。东北寒冷，尤其是黑龙江的冬季，气温零下二三十摄氏度，白雪皑皑，是一座天然的大冷库。古代的先民，在长期生活中逐渐懂得了低温能杀菌防腐和保藏食物的作用。在距今6000多年的密山新开流新石器时代遗址中发现了大量的鱼窖。原始的先民将秋季捕捞的鱼，除了当时食用外，剩余的冷冻后大量储藏在冰窖里以度过漫长的冬季。直到现在，东北地区在冬季仍利用自然条件冻肉、冻饺子、冻豆腐、冻梨、冻柿子等。这种独特的饮食习俗只有在寒冷的气候环境中才能产生，并得以发展。

腌渍酸菜、咸菜也是东北地区冬季储存菜的方法，长此以往就形成了渍菜粉、汆白肉、雪里蕻炖豆腐等传统菜肴，有蒜茄子、糖蒜、韭菜花、芥菜疙瘩、酱黄瓜等咸菜。由于腌咸菜、食咸菜由来已久，因而形成了东北嗜咸的口味特征。

人们的饮食习俗决定着对菜肴色、味、香、型、质的要求，烹制菜肴的一个标准就是使菜肴的色、味、香、型、质能满足区域内人们饮食心理与生理的需要，这种满足引导烹饪技术的传承，使菜肴的社会属性保持一定的稳定性，而成为相对固定的范式。例如，东北的锅包肉、熘肉段要求外焦里嫩的质地，红焖肉、地三鲜则要求酥烂的质地。

2）饮食习俗的改变影响着菜肴属性的变化。饮食习俗具有极大的稳定性，它是一代一代传承的结果。但是，任何事物都不是一成不变的，饮食习俗也是如此，在生存环境发生变化时，人们的饮食理念及需求也会跟着发生变化。例如，在经济困难时期，人们的生活水平低，对菜肴的要求只是帮助下饭，但同时能改善一下口味或解馋就更好了，根本就不会考虑油腻、胆固醇高等因素。有的地方菜肴重色（味浓）、重油（味香），以及过去的东北人进饭店如不点煸白肉、拼白肉或酥白肉就等于没有“下馆子”，这些都是当时生活状况的反映。

现在，人们的生活水平提高了，追求的是健康适口，煸白肉、拼白肉、酥白肉已经在酒店的菜谱中消失了，很多厨师已经不会做了。菜肴的口味也趋于清淡，过去使用的食用色素，从食品安全的角度也已经退出了酒店。“轻油、轻色（注重原料的本色）、轻盐”已经成为人们引导菜肴属性转变的推动力。因此，菜肴的属性随着人们饮食习俗的逐渐变化发生着变化。

讨论题

1．如何理解菜肴的社会属性？

2．如何控制菜肴的卫生状态？

3．如何用不同的视角辨证看待菜肴生熟的关系？

4．菜肴的食用价值是最重要的吗？

阅读引导

1. 郑昌江. 1992. 中国菜系及其比较［M］. 北京：中国财政经济出版社

该书到目前为止是我国唯一的一本系统研究中国菜具有区域性和民族性的论著。从分析“菜系”现象入手，站在文化的角度，全面论述了我国菜系的形成、结构、发展模式及特征，并阐述了菜系研究的比较方法。

2. 郑昌江. 2012. 烹饪工艺［M］. 南京：江苏教育出版社

烹饪工艺涵盖了烹饪专业就业岗位所需的核心理论和核心技能，又有烹饪专业教师需要拓宽的菜肴属性形成机理和菜肴设计的理论及方法。该书是模块式的体例，各模块之间既有联系又相对独立，便于选修学习。

3. 曲径. 2007. 食品卫生与安全控制学［M］. 北京：化学工业出版社

该书对影响食品卫生安全的生物性、化学性、物理性等因素，以及食品本身所隐含的危害因素进行了深入分析研究，并对其污染来源、传播途径、毒害机制、风险性评估，以及源头管理、标准管理、体系管理、防控措施等进行了论述。

4. 戴桂宝，金晓阳. 2014. 烹饪工艺学［M］. 北京：北京大学出版社

烹饪工艺学是以中国传统烹调工艺技法为研究对象，分析烹调工艺原理，探索烹调工艺标准化、科学化的实施途径，总结和揭示烹调工艺规律的学科。该书突出了烹饪与烹调工艺学的特色，在科学性、规范性、先进性、系统性和适用性等方面达到一个新的高度。读书内容包括原料的选择与加工、组配工艺、调味工艺、制熟工艺 4 个方面。

第三章 菜肴色泽的形成

本章的学习将有助于你回答下列问题：

1. 菜肴色泽的来源有哪些？
2. 制作菜肴的原料的天然色及其变化有哪些？
3. 加热过程中菜肴颜色的变化及其机制是什么？
4. 浆、糊、芡使菜肴上色的机制是什么？
5. 调料及着色剂的调色作用有哪些？
6. 菜肴调色的要求及注意事项有哪些？

第一节 菜肴色泽的来源

色，在这里指色泽，包括颜色和光泽两个方面。调色，广义地讲，指菜肴色泽的调配和菜肴中各原料间的色泽搭配，即运用各种有色调料和调配手段，调配菜肴色彩，增加菜肴光泽，使菜肴色泽美观的过程。调色是调制技术之一，与调味和调香并存，有其特有的技术要求和操作方法。调色，在实际操作中往往与调味和调香同时进行，这使得人们对它不够重视。而实际上，色泽是反映菜肴感官质量的一个重要方面。良好的色泽能激起人的食欲，促进人体的消化吸收，还是构成菜肴艺术形成的一个重要因素。色泽本身就可以成为一种形式美。无论从食用性还是从艺术性看，菜肴的色泽属性都十分重要，因此对调色技术进行相对独立的研究很有必要。

菜肴的色泽主要来源于三个方面：原料固有的色泽，加热形成的色泽，调料调配的色泽。

一、原料固有的色泽

原料固有的色泽，即原料的本色。很多菜肴的原料带有比较鲜艳、纯正的色泽，在加工时需要予以保持或者通过调配使其更加鲜亮。例如，香肠、火腿、腊肉（瘦）、午餐肉、红萝卜、红辣椒、番茄的红色；红菜薹、红苋菜、紫茄子、紫豆角、紫菜、肝、肾、鸡肉（鸭肉）、猪肉等的紫红色；绿叶蔬菜、青椒、蒜薹、蒜苗、四季豆、青笋等的绿色；白萝卜、黄豆芽、莲藕、竹笋、银耳、鸡（鸭）脯肉、鱼白肉等的白色；蛋黄、口蘑、韭黄、黄花菜等的黄色；香菇、海参、黑木耳、发菜、海带等的黑色或深褐色。

二、加热形成的色泽

加热形成的色泽，即在烹制过程中，原料表面发生色变所呈现的一种新的色泽。加热引起原料色变的主要原因是原料本身所含色素的变化及糖类、蛋白质等发生的焦糖化作用、羰氨反应等。很多原料在加热时都会变色，其中有些是菜肴色泽所要求的，如鸡蛋清由透明变为不透明的白色，虾、蟹等由青色变为红色，油炸、烤制时原料表面呈现的金黄色、褐红色等。另有一些则是烹制时需要防止的，如绿色蔬菜变成黄褐色，原料受高温作用过度形成黑色等。对于具体的菜肴，应根据其色泽要求，通过一定的火候或者火候与调色手段的配合，来控制原料的色变，该白的白，该黑的黑，该绿的绿，该红的红，该黄的黄，该褐的褐，不可随意更改。

三、调料调配的色泽

调料调配的色泽包括两个方面：一是用有色调料调配而成；二是利用调料在受热时的变化来产生。用有色调料直接调配菜肴色泽，在烹调中应用较为广泛。常见的有色调料有酱油（可调配褐黄、褐红等色）、红醋（参与调配褐色）、酱品（用于调配褐红色）、糖色（用于调配较酱油鲜亮的红色）、番茄酱及红乳汁（用于调配鲜红色）、蛋黄（用于调配黄色）、蛋清（用于调配白色）、绿叶菜汁（用于调配绿色）、油脂（可增加菜肴光泽）等。调料与火候的配合也是菜肴调色的重要手段。例如，烤鸭时在鸭表皮上涂以饴糖，可形成鲜亮的枣红色；炸制的畜禽及鱼肉，码味时放入红醋，所形成的色泽会格外红润。这些都是利用了调料在加热时的变化或与原料成分的相互作用。

第二节　原料的天然色及其变化

加工制造菜肴的原料绝大多数因含有呈色物质而显出颜色，或者在加工制造过程中发生显色或色变。人们既要充分利用原料本身的颜色，还要了解原料经过加工处理后色泽会发生怎样的改变，并且加以利用以协调搭配菜肴颜色。

原材料的本色十分丰富，在烹调中要充分利用原材料天然的色与型，这是烹调中应用最广泛的配色方法。例如，用白菜、西米、白扁豆、白菊花、白萝卜、银耳、熟蛋白、豆芽、肥膘肉等原料的白色，用火腿、香肠、红辣椒、精瘦肉、香菇、胡萝卜、番茄等原料的红色，用蒜苗、韭菜、菠菜、青椒、豌豆苗、青豆、青葱、芹菜等原料的绿色，用韭黄、金钱菜、生姜、熟蛋黄、冬笋、黄菊花等原料的黄色，用紫菜、冬菇、黑木耳、海参、黑芝麻等原料的黑色，进行天然调色。像起源于南宋吴中的名菜玲珑牡丹鲊，便是用青鱼片拼成了一朵牡丹花形，上笼蒸后鱼片呈微红色，像朵盛开的牡丹花，这就是充分运用本色原料做出的著名菜肴。

一、叶绿素和绿色蔬菜在烹调中的变色

蔬菜的颜色与水果相比虽然要单调一些，但是其在菜肴制作中的作用却是十分重要的，水果只是起到一个搭配装饰作用，而蔬菜在大多数情况下都是主要原料。蔬菜中的色素和呈色前体物质主要存在于蔬菜的细胞包含物像叶绿体和其他有色体等中，同时较少地溶解在脂肪液滴及原生质体和液泡内的水中。保持原有的色泽是蔬菜类菜肴烹调中的重要技术。但是，无论是为了稳定原有的色泽，还是利用色变特性获得新的色泽，都需要掌握蔬菜色变的机制，以实现计划的预期目标。

叶绿素是存在于植物细胞叶绿体内的一种能进行光合作用的绿色色素，它使蔬菜和未成熟的果实呈现绿色。

（一）叶绿素的组成和结构

叶绿素是高等植物和其他所有能进行光合作用的生物体含有的一类绿色色素，是由叶绿酸、叶绿醇、甲醇组成的二醇酯，绿色来自叶绿酸部分。叶绿素与血红素类似，同属于吡咯类色素，都是卟啉类化合物的衍生物。不过血红素的卟啉环中结合有铁离子，而叶绿素络

合的是镁离子。自然界中存在几种叶绿素，以其母体环上取代基种类不同而异。绿色植物中存在的主要是叶绿素 a 和叶绿素 b，其比例约为 3 : 1，前者为青绿色，后者为黄绿色。

（二）叶绿素的性质

1. 叶绿素的物理性质

叶绿素的绿色来源于其组成中的镁卟啉结构，所以只要这部分结构发生变化就会引起变色。叶绿素一端亲脂（为植醇，具有类异戊二烯结构的 20 碳醇），与脂类化合物结合具有亲脂性；另一端是卟啉环，环中镁离子偏向于带正电荷，而其他有关的原子则偏向于带负电荷，因而有极性，具有亲水性。

2. 叶绿素的化学性质

（1）取代反应

叶绿素中的镁离子很容易被 H^+代替，生成脱镁叶绿素，使颜色变为橄榄绿色或者褐色，加热时反应会加速，而碱性条件下该反应则不易发生。

Cu^{2+}、Zn^{2+}等金属离子能很快和脱镁叶绿素发生离子替代，进入镁的位置，使其再次呈现更稳定的绿色。

（2）水解反应

在酸、碱或叶绿素酶的作用下，叶绿素的二酯结构可水解，生成叶绿醇、甲醇及水溶性的叶绿酸或仍然是脂溶性的脱叶醇基叶绿素（甲基叶绿素）。水解对绿色没有影响，但能改变叶绿素的溶解性能。

（3）其他变化

当组织衰败时，叶绿体蛋白与其辅基叶绿素分离，在光辐射或酶的作用下，叶绿素分子中的卟啉环上可发生氧化、还原、加成，从而引起颜色的巨大变化，生成无色产物或紫色物质。

（三）绿色蔬菜在贮藏及烹调中的变色及保护

1. 绿色蔬菜在贮藏过程中的变色

绿色蔬菜在长期贮藏过程中，受酶、酸、氧、光等因素的影响，会引起叶绿素发生变化，产生黄化现象。这是由于叶绿素逐渐降解为无色产物和黄色脱镁产物，而蔬菜中原有的呈黄色的类胡萝卜素则露出来了。

2. 绿色蔬菜在烹调加热中的变色

蔬菜在烹调加热中会引起叶绿素不同程度的变化。

短时间的快速加工，主要是发生蛋白质变性、组织破坏而释放出叶绿素，叶绿素本身没有变化，所以蔬菜的绿色更加明显，如烹饪中的焯水。蔬菜颜色的变化也是烹调中加工蔬菜时判断制熟程度的主要标志。

长时间的加热，会使细胞内的有机酸不再区域化，加强了与叶绿素的接触，同时长时间加热会促使植物生成新的有机酸如草酸、苹果酸、柠檬酸、乙酸、琥珀酸等，由于酸的作用，叶绿素发生脱镁反应，生成脱镁叶绿素，并进一步生成焦脱镁叶绿素，蔬菜的绿色显著向橄榄绿到黄褐色转变，这种变化在水溶液中是不可逆的。以上这些变化可概括为图 3-1。

叶绿体蛋白 $\xrightarrow{\text{绿色脂溶性产物}}$ 叶绿素 $\xrightarrow{\text{绿色水溶性产物}}$ 脱叶醇基叶绿素 $\xrightarrow{\text{绿色水溶性产物}}$ 叶绿酸

图 3-1 叶绿素的变化

3. 绿色蔬菜在烹调过程中的护绿

从上面的分析可以看出，pH 和加热时间是绿色蔬菜加工过程变色的主要原因。pH 越低，变色越容易，一般 pH 在 4 以下时，很快变色，所以加醋烹调的菜很快变为黄绿色。而 pH 在 8.6 以上时，蔬菜呈青绿色。因此对于那些绿色蔬菜，为了在烹调（蒸煮、杀菌、热罐装）时保持鲜绿色，经常可以选择加入碳酸氢钠或其他碱性物质，维持碱性条件防止色泽变化。但是碱不可加得过多，否则会影响菜肴风味，并且破坏蔬菜中的维生素 C（抗坏血酸）。另外，添加镁盐可以降低叶绿素向脱镁叶绿素的转化。但是在烹调中应充分考虑到成本，以及纤维素和蔬菜组织在碱性条件下的软化问题。

开锅盖或加锅盖炒菜，绿色蔬菜的变色速度不一样，前者慢，后者快。这种现象也同样和 pH 有关，因为开盖煮，菜中部分有机酸会挥发，菜汤的 pH 较大，所以变色速度慢。煮菜时间对变色程度的影响表现为：时间长则变色程度大，时间短则小。

对于蔬菜在热加工时如何保持绿色的问题曾有过大量的研究，不过，目前没有一种方法比较实用。传统烹饪工艺中常常使用热烫灭酶法即热水烫漂（焯水）来保护绿色，其原理是：大量高温的热水，能使叶绿素酶迅速失活，排出蔬菜组织内的氧气，对组织中的有机酸具有稀释作用和挥发作用，从而减少了叶绿素生成脱镁叶绿素的机会。焯水时还要注意焯水时间不能太短。由于这些新鲜蔬菜在加热前组织中的新陈代谢活动仍在进行，如果焯水时间太短，蔬菜没有焯透，达不到使酶失活的目的，反而会促使蔬菜变色。所以这种方法成功的保证是：一要水多，二要快速，三要高温。另外，目前较好的蔬菜护绿方法还需要多种技术联合使用。例如，采用高温短时间处理的同时，辅以碱式盐、脱脂醇的处理方法，低温贮藏产品和添加铜叶绿酸钠等。

二、血红素和肉类在烹调中的变色

血红素是高等动物肌肉和血液中的主要色素，以复合蛋白质的形式存在，分别称肌红蛋白（Mb）和血红蛋白（Hb）。在活的机体中，它是 O_2 和 CO_2 的载体。在动物被屠宰放血时，大部分血红蛋白随放血而流失。在放血后的肌肉组织中，肌红蛋白所起的呈色作用占 90% 以上。肌肉组织中肌红蛋白的数量与动物的品种、育龄、性别及活动程度有关，而且在同一动物体内不同肌肉间的差异很明显。例如，淡色的牛肉中肌红蛋白的含量较红色牛肉低，家禽胸部肌肉的色泽远比小腿和大腿肌肉淡。肌肉中还有少量其他色素，如细胞色素、黄素蛋白和维生素 B_{12}，由于它们含量很少，因此肌肉的颜色主要为血红素的紫红色。

（一）血红素的结构

血红素是一种卟啉类化合物，卟啉环中央的 1 个铁原子与 4 个吡咯上的 4 个氮原子络合。在动物体内，血红素都是以肌红蛋白和血红蛋白的形式存在，很少有自由的血红素。

肌红蛋白是由 153 个氨基酸组成的球蛋白和血红素组成的配合物。血红蛋白分子可以粗略看作肌红蛋白的四聚体。在活动中，血红蛋白和肌红蛋白分别发挥着氧气转运和储备的功能。各种肉的颜色不同，原因就是其所含的肌红蛋白、血红蛋白的含量及它们的状态、分布不同。特别是正常屠宰的动物肉，其颜色就是由肌红蛋白的含量、状态和分布决定的，所以，肉色素常指肉中肌红蛋白（有时包括血红蛋白）的各种存在方式和状态。

（二）血红素及肌红蛋白的性质

1. 物理性质

血红素和肌红蛋白都是水溶性的红色成分，存在于肌肉的肌质中。

2. 化学性质

1）结合反应：正常情况下，肌红蛋白中的血红素铁处于二价，它能够通过配位键与 O_2、CO、NO 等结合，分别形成氧合肌红蛋白、羰合肌红蛋白、亚硝基肌红蛋白，它们都是红色物质。它们都分为离子键型和共价键型，只有共价键型的氧合肌红蛋白能产生肉类理想的亮红色。氧合肌红蛋白、肌红蛋白可以连续地相互转换，使新鲜肉类的色泽变化呈动态和可逆的特点。

2）氧化还原反应：血红素铁在低压氧时，能够被氧化为三价，形成褐色的高铁血红素肌红蛋白或称为变肌红蛋白，在有还原物质存在时，变肌红蛋白还可能被还原为二价状态。

3）铁卟啉环的破坏和脱铁反应：血红素铁卟啉环发生氧化、还原、加成等反应，会破坏卟啉环的稳定，出现脱铁、脱珠蛋白、卟啉开环等严重后果，使肉色产生很大变化。

（三）肉类在贮存、加工中的色泽变化

1. 新鲜肉的色泽变化

新鲜肉的色泽为淡红色，脂肪洁白。次鲜肉色泽稍暗，脂肪缺乏光泽。肉在保藏过程中，肌肉的颜色往往随着肉的变质而发生变化，即从淡红色变为红色，再变为黑红或褐色。这是由肉中肌红蛋白的氧化还原反应所致。因此，肉色是否正常，可作为鉴别肉是否新鲜的依据。

2. 肉类在加热过程中的色泽变化

在烹饪中，肉类的加工方法大多是加热，未经腌制的肉在加热时，肌红蛋白及肌质其他蛋白变性、凝固，肌红蛋白从而失去水溶性，导致颜色变浅。并且血红素失去蛋白质的保护，很快被氧化成珠蛋白变性高铁蛋白，从而呈灰褐色。这是烹调中加热肉类最常见的变色现象。例如，滑炒鸡丝、熘烧肉片等菜肴中肉颜色的变化都是以上原理。

腌制肉的色泽变化：烹调中还经常需要用到腌制的肉类，肉的腌制不仅是贮藏也是调味的重要手段。腌制后的肉在加热过程中颜色不会发生变化。这是由于肉在腌制过程中加入亚硝酸盐或硝酸盐起发色作用，它们可以产生 NO，肌红蛋白与 NO 反应生成亚硝基肌红蛋白（MbNO）。MbNO 较 Mb 和 MbO_2 更稳定，加热时珠蛋白部分发生变性，生成鲜红色的变性珠蛋白——一氧化氮肌红蛋白，保证了腌制肉的鲜红色，这一原理也称为肉色固定原理。抗坏血酸存在时，可以防止 MbNO 进一步与氧发生氧化作用，使其形成的色泽更稳定。

但是如果对腌制后的肉进行改刀，并且把切口暴露于光线下，腌制肉会由鲜红色变为褐色。这是由于 MbNO 在可见光线的照射下不稳定，会发生分解，生成褐色高铁血色原。

3. 腐败肉的颜色

人们在生活中经常会看见有些肉颜色发黄或者发绿，这是由于肉经过久存后，肉中过氧化氢酶消失，肉中过氧化氢的积累使血红素氧化而变绿。另外，细菌活动产生的硫化氢与肌红蛋白作用产生硫代胆绿蛋白，也会使肉产生绿色。腐败变质的肉中还存在血红素的分解产物，如各种胆色素，从而出现非常不好的黄色或者绿色。

在烹调选择原料时，要学会辨别新鲜肉、熟肉、腌肉和腐败肉的颜色及其中的主要

色素（表 3-1）。

表 3-1　新鲜肉、熟肉、腌肉和腐败肉的颜色及其中的主要色素

肉类	色素	形成方式	铁的状态	血红素环状态	珠蛋白状态	颜色
新鲜肉	肌红蛋白	高铁肌红蛋白还原、氧合肌红蛋白脱氧	Fe^{2+}	完整的	天然的	暗红色
新鲜肉表面	氧合肌红蛋白	肌红蛋白的氧合	Fe^{2+}	完整的	天然的	亮红色
熟肉陈肉	肌红蛋白	肌红蛋白与氧合肌红蛋白的氧化	Fe^{3+}	完整的	天然的	棕色
熟肉	珠蛋白变性为高铁肌红蛋白	肌红蛋白受热	Fe^{3+}	完整的	变性的	棕色
腌肉	亚硝基肌红蛋白	肌红蛋白与 NO 结合	Fe^{2+}	完整的	天然的	亮红色
	亚硝基肌色原	亚硝基肌红蛋白受热	Fe^{2+}	完整的	变性的	亮红色
腐败肉	硫代肌绿蛋白	肌红蛋白与 H_2S、O_2 作用	Fe^{3+}	完整的，但一个双键被饱和	天然的	绿色
	胆绿蛋白	过氧化氢氧化作用，抗坏血酸盐或其他还原剂作用	Fe^{2+}或Fe^{3+}	完整的，但一个双键被饱和	天然的	绿色
	胆色素	肌红蛋白与过量 H_2S、O_2 作用	无铁	卟啉环被破裂		黄色或绿色

三、原料中其他色素在烹调中的变化

（一）类胡萝卜素

类胡萝卜素是自然界中最丰富的天然色素，是一类呈现黄、橙、红以至紫色的色素。它在蔬菜中含量丰富，也在蛋黄、部分羽毛、甲壳类、金鱼和鲑鱼中存在（表 3-2）。所有的绿叶蔬菜都含有类胡萝卜素，只是被高含量的叶绿素所掩盖，只有秋季叶绿体开始分解时，类胡萝卜素的颜色才显现出来。

表 3-2　烹调原料中的类胡萝卜素

颜色	名称	食物代表
橙黄色	β-胡萝卜素	胡萝卜、柑橘、南瓜、蛋黄、各种绿色植物
	叶黄素	柑橘、南瓜、蛋黄、绿色植物
	玉米黄素	玉米、柑橘、肝脏、蛋黄
	姜黄素	杏、辣椒
	隐黄素	柿子、玉米、柑橘、蛋黄
红色	番茄红素	番茄、西瓜
	虾黄素	虾、蟹、鲑鱼
	辣椒红素	红辣椒、甜椒

类胡萝卜素在结构上的特点就是其中含有大量的共轭双键，形成发色基，产生颜色。

类胡萝卜素是脂溶性色素，在一般的烹调加工中相对稳定，pH、温度、加热时间对类胡萝卜素影响小，但是其抗氧化、抗光照性能差，易被酶褪色。最常见的例子是，为什么煮熟的虾会变成红色？这是由于类胡萝卜素中，以虾黄素为最重要，它是构成虾及鲑鱼等红色的主要物质，新鲜的虾中虾黄素存在于虾外壳中，因与蛋白质配位结合形成虾青素，所以呈青绿色，烹调中加热使蛋白质变性凝固，从而使虾黄素游离出来，游离的虾黄素不稳定，能氧化成红色的虾红素，大部分的色素遇到高温都分解掉了，只有虾红素不怕热，遇到高温不会分解，反而显现出鲜艳的红色。

类胡萝卜素还可以通过水产组织中的油脂渗透到肌肉的内部，使原来白色的肉变成橙黄色。例如，牡蛎水煮罐头在室温下长期存放，牡蛎肝脏中的类胡萝卜素能转移到肌肉中，使原来白色的肉变成橙黄色。在细菌的作用下，脂肪被氧化破坏，胡萝卜素游离出来，使鱼体颜色加深。因此，贮存的鱼体颜色变化也是鱼新鲜程度的标志。

（二）花黄素

花黄素是黄酮类色素的一种，广泛分布于植物的花瓣、叶片、果实、根、茎中。花黄素类在加工条件下会因为 pH 和金属离子的存在而产生难看的颜色，影响食品的外观质量。这就是为什么在烹饪中用铁锅或含铁自来水烹制含有花黄素类色素原料时，有时候菜肴会呈现蓝色或者褐色，如铁锅炖土豆、铁锅炖萝卜。花黄素类色素的颜色自浅黄以至无色，很少有明显的黄色，但在遇碱时会变成明显的黄色。例如，中式面点中做点心时，面粉中加入过量的碱，蒸出的面点外皮就会呈现黄色，这就是花黄素在碱性溶液中呈明显黄色的缘故。马铃薯、稻米、芦笋、荸荠等在碱性水中烹煮会变黄，也是这个原因。

（三）单宁

单宁（也称鞣质）是一类特殊的酚类化合物，易被氧化，易与金属离子反应生成黑色物质，具有沉淀生物碱、明胶和其他蛋白质的能力。单宁的存在是果蔬（如石榴、咖啡、茶叶、柿子、苹果、葡萄、香蕉、梨、李子、蘑菇、蒜、藕、芋头、茄子、土豆）涩味和果蔬切面遇氧或与金属接触时变黑的原因。所以烹制此类原料时最好不要用铁质器皿，以免影响菜肴的外观。

这就是烹饪中最常见的酶促褐变。酶促褐变多发生在新鲜水果和蔬菜中，是酚酶在有氧的条件下催化酚类物质氧化成醌，醌再聚合成黑色素，使原料颜色褐变。酶促褐变必须满足三个条件：一是原料组织中存在多酚类物质，如单宁、花色苷类等；二是原料组织中含有多酚氧化酶（橘子、柠檬、西瓜等因为缺乏多酚氧化酶而不会发生酶促褐变反应）；三是接触空气。

1. 酶促褐变反应机制

酶促褐变的产生是植物细胞内酚被氧化酶催化氧化聚合的结果。正常完整的果蔬组织中氧化还原反应是偶联的，酚虽然也被氧化，但其产物醌又可被还原成酚，不会积累起来。当发生机械的损伤（如削皮、切开、压伤、虫咬、磨浆）或处于异常的环境变化下（如受冷、受热等）时，细胞中还原物减少，酚氧化酶以游离态形式出现，加上组织破损后，与氧气接触面大大提高，氧气可直接将酚氧化形成醌，大量醌便自动聚合成分子质量很大的高分子物质——黑色素。

2. 控制酶促褐变的方法

在烹饪中，原料的酶促褐变在大多数情况下是人们不希望发生的，所以要尽可能避免其发生，烹饪中控制酶促褐变的方法有以下几种。

（1）热处理

在适当的温度和时间条件下加热新鲜果蔬，使酚氧化酶及其他所有的酶都失活，是最广泛使用的控制酶促褐变的方法。在70～95℃条件下加热约7s，可使大部分多酚氧化酶失去活性。

加热处理的关键是要在最短时间内达到钝化酶的要求，否则易因加热过度而影响质量。相反，如果热处理不彻底，热烫破坏了细胞结构，未钝化酶，反而会强化酶和底物的接触而促进褐变。例如，白洋葱、韭葱如果热烫不足，变粉红色的程度比未热烫的还要厉害。炒藕片时，速度慢、时间长会导致明显的变色。

加热处理也有缺点：水果和蔬菜经过加热后，会影响它们原来的风味，所以必须严格控制加热时间，以达到既能抑制酶的活性，又不影响产品原有风味的目的。

应该特别注意，烹调中初加工的生原料不能通过冷冻来防褐变。因为酶在低温下仍然有活力，而且冷冻会导致原料组织结构受到更大的破坏，反而容易发生褐变。

（2）酸处理

酚氧化酶的适宜pH为6～7，低于pH3.0时无活性，所以可以采用酸处理来防止褐变。常用的有柠檬酸、苹果酸、磷酸及抗坏血酸等。柠檬酸除降低pH外，还有螯合酚氧化酶Cu辅基的作用；抗坏血酸除了有调节pH的作用外，还具有还原作用，当抗坏血酸存在时，醌能被抗坏血酸还原，重新转化为相应的酚，使褐变得以防止。在烹调过程中可以在菜肴中适当加入食醋或者柠檬汁，既可以调味，还可以防止酶促褐变的发生。

（3）化学物质处理

二氧化硫及常用的亚硫酸钠、亚硫酸氢钠、焦亚硫酸钠等都是广泛用于食品工业的酚酶抑制剂，它们还是还原性漂白剂，对变色有很好的抑制作用，同时还有一定的防腐作用，但在浓度较高时有碍于人体健康，所以通常是在工业中应用，烹饪中不使用。

（4）驱氧或隔氧

最简单的方法是将果蔬投入水中，与空气隔绝来抑制酶促褐变。在水中浸泡隔氧的时间久了，存在于组织中的氧也会引起果蔬的缓慢褐变，可以采用表面处理的办法防止组织中的氧引起的褐变。例如，把切开的水果、蔬菜放在加热过的冷水中可以有效地防止酶促褐变。

（5）保持组织结构的完整性

对于新鲜果蔬，若不是马上食用，应尽量不要损伤其组织，不要让微生物、昆虫等侵蚀它，也不要放在高温条件下，冷藏时要注意其最适温度，不要太高或太低，烹调加工时，应尽量缩短其生鲜状态时的加工时间，做到临食即做。

第三节 加热过程中菜肴颜色的变化及其机制

加热是烹调中最常见的一种烹饪方法，煎、炸、烘、烤、炙、炖都属于加热方法，它不仅可以使菜肴成熟，也是使菜肴产生诱人色泽的重要途径。

在烹饪过程中高温的作用下，原料会发生非酶促褐变作用，其中与加热有关的主要有羰氨反应、焦糖化反应。

一、羰氨反应

羰氨反应，也称为美拉德（Maillard）反应，是指羰基化合物与氨基化合物之间的反应，凡是含有氨基的化合物与含有羰基的化合物共同存在时就可能发生此类反应。含有氨基的化合物包括蛋白质、多肽、游离氨基酸、胺类等，含有羰基的化合物包括醛类、酮类、单糖，以及多糖分解或脂质氧化生成的羰基化合物。几乎所有的食物中都含有以上成分，因此都可能发生羰氨反应。

（一）羰氨反应的过程和产物

初期阶段，这是羰氨反应开始时的化学反应阶段，主要特征是有少量水分产生，pH也下降，但是从食品宏观现象来看，并无多大变化，没有色素产生。

中期阶段，初期阶段的产物不稳定，要进一步反应，此时有明显的气味产生，还原增多，但颜色仍未发生明显变化。对于初期反应生成的产物，它在中期阶段通过1,2-烯醇化、2,3-烯醇化、斯特勒克降解三条途径产生羟甲基糠醛、还原酮、氨基还原酮等物质。氨基还原酮还可以生成吡嗪类物质。

终期阶段，这个阶段通过缩合反应形成高分子质量的有色物质——类黑色素，它是中期阶段各种产物的随机缩聚产物，而且往往与蛋白质中赖氨酸共价交联，形成含蛋白质的黑糊精。这个阶段最明显的特征是颜色迅速变深，不溶物增加，黏结性增大。

（二）羰氨反应的影响因素和控制

加热食品的上色机制主要就是羰氨反应，如烤面包、烤制干货、炒料、炸炒类菜肴等。该反应在烹饪中十分常见，反应后生成黑色素，可以改变菜肴的色泽。研究证明，温度和水分对羰氨反应有较大影响。食物中含水量为10%～15%时反应最易发生；干燥情况下羰氨反应难以进行；水分含量过多时如蒸、煮、炖、烩等，由于反应物浓度过低，褐变反应速率慢，颜色不会发生较大变化。温度在100℃以上的烹制方法最易发生羰氨反应。就是说烹饪过程中发生美拉德反应的程度受原料中糖类和氨基酸种类与数量的影响，还与烹饪方法有关。这就关系到火候的处理、汤汁的数量、调味料的投放和传热介质的运用等。

羰氨反应因菜肴烹调方法、加热时间和加热温度的不同，会产生从浅黄色、金黄色、浅褐色、红棕色直至深棕黑色等色泽。例如，脆皮乳鸽的红褐色就是美拉德反应和饴糖在加热中变化共同形成的。在油炸乳鸽前，在乳鸽表面涂刷一层饴糖，炸后会形成美丽的棕红色，也是因为增加了乳鸽表面的糖类等含羰基化合物，使之与乳鸽表皮的蛋白质等氨基化合物在高温作用下产生美拉德反应，从而形成诱人的色泽。

但在有些情况下要避免羰氨反应的发生，以确保食物的新鲜度及营养价值。例如，牛奶中含有丰富的蛋白质、氨基酸和乳糖（一种还原糖），在烹饪处理过程中易发生美拉德反应引起色变，从而改变牛奶或奶类菜肴洁白光润的感官特性，这是在烹饪中必须要防范的现象。

在烹饪挂霜中，焦糖化反应也是要避免发生的。纯净蔗糖色白晶莹，烹饪中常用于挂霜，如江米条、挂霜丸子等。将蔗糖溶解熬稠成过饱和溶液即可（切记不可形成玻璃态；火候更不能太大，要避免因发生焦糖化反应而变色），将炸好的丸子立即倒入和匀，迅速冷却，使糖的结晶粒细而均匀，成品洁白如霜。当然，熬糖的锅在使用前要用碱水洗净，以除去还原性物质和污物，防止糖色发灰。

二、焦糖化反应

焦糖化反应是指在没有任何氨基化合物存在的情况下，单一组分的糖加热到120～150℃时会发生降解、缩合、聚合等反应，生成黑褐色的焦糖色素。在烹饪中适度的焦糖化反应能产生诱人的色泽（如油炸菜肴、烘烤菜肴等），但若控制不当，会给菜肴带来不良的影响。影响焦糖化反应的因素主要是糖的种类、加热温度、pH和共存物。温度偏低时，以脱水反应为主，对颜色并无较大影响；pH低时，糖不经加热也能褐变，焦糖化脱水反应更快，对迅速上色有很大好处。铵盐、有机酸、金属离子（如铁离子、铜离子）等均能催化焦糖化反应。

烹饪中的“走红”是用饴糖、糖水、蜂蜜、甜酒汁、甜面酱等含有还原糖的物质涂抹在原料的表面，用油作传热介质或在火上直接熏烤，发生焦糖化反应使成品形成诱人的红棕色，关键在于要掌握好糖的浓度、火候和加热时间，不能使反应过度，如烤乳猪、烤鸭等深色菜肴。烹饪中还有很多利用糖醋汁来制作的，不仅能调味，还利用了醋对焦糖化反应有一定的促进作用，加快糖色的形成，再加上一些芡汁和油的作用，可使菜肴颜色红里透亮，别具一格。

烹饪中的拔丝也是典型的利用焦糖化反应的一种操作工艺。其原理如下：蔗糖溶液在熬制过程中随着温度的升高，含水量逐渐降低，当含水量降低到2%左右时停止加温并冷却，此时的蔗糖分子不易形成结晶，只能形成无定形玻璃态。玻璃态呈透明状，不易被压缩和拉伸，冷却后有较大脆性，这也是做冰糖葫芦和拔丝菜的基本原理。拔丝菜制作过程中实际上发生了蔗糖的转化反应，关键在于掌握火候。火候过度，转化糖产生过多，糖浆变稠，黏性太大而拔不出丝；火候欠缺时，转化糖产生过少，糖浆黏性不足，只能拔出短丝；火候恰当，转化糖发生焦糖化反应呈米黄色，拔出的丝又细又长。

三、乳化反应

在烹饪加热制汤过程中，乳化反应是最常见的化学反应。

奶汤，不论是荤汤还是素汤，都具有色泽乳白的特点。乳白汤色的形成主要是由于从原料中溶出的水溶性蛋白质及水解出的明胶与添加的动物性油脂（在烹调中通常使用熟猪油等），以及熔化释出的脂肪之间的相互作用，也有固醇、磷脂等的作用。制汤时，原料中的水溶性蛋白质有相当一部分会被水抽提出来，胶原蛋白水解生成的明胶也会分散于水中。

原料组织的脂肪细胞破裂，使熔化的脂肪流出，进入水中。在一般情况下，水溶性蛋白质因热变性而凝固，呈沫状漂浮于水面（制汤时需撇去）或呈微粒状悬浮于水中，明胶呈粒状（肉眼看不见）均匀分散于水里，脂肪则漂浮于水面与水形成界线分明的两相。如果加热使水沸腾，在剧烈翻腾着的水的作用下，水面的脂肪层遭到严重破坏。脂肪呈微滴状分散于水中，与呈分散状态的蛋白质及固醇、磷脂等进行广泛接触并与之结合，故而形成稳定的分散状态（沸腾停止后静置较长时间，脂肪也不会再与水分离而漂浮于水面）。分散于水中的脂肪微滴与蛋白质等的结合体，体积变得较大，呈均匀的颗粒状。它们在光的照射下会产生不规则的光折射，这样就形成了乳白的汤色。从本质上讲，乳白汤色的形成是脂肪乳化的结果。

固醇、磷脂等都是乳化剂。它们的分子较大，其一端具有亲水性，另一端具有疏水性（亲脂性）。水沸腾使脂肪呈微滴状分散时，乳化剂就会与油滴发生定向结合，疏水端指向油滴，亲水端伸向水相、把油滴包围起来。这样疏水性的油滴就变成了亲水性，可以均匀而稳定地分散于水相之中了。可见，奶汤形成的过程主要是脂肪乳化的过程。

例如，烹制奶汤白鱼及熬制鱼汤形成的乳白色汤都是这个原理。

第四节　浆、糊、芡对菜肴上色的作用

菜肴在烹调时为了形成一定的诱人色泽及光亮的汁液，需要在原料的表面用淀粉、鸡蛋、面粉、脆炸粉等原料进行处理。这种处理方法在烹调中叫做上浆、挂糊或勾芡。这类工艺在不同油温下会产生不同的色泽，使菜肴成品色泽鲜艳、色调丰富。例如，低温油中会产生浅黄或者灰白的色调，中油温中会产生浅黄与金黄的色调，高温油中会产生老红、金红的色调。

一、上浆对菜肴上色的影响

上浆是将经过改刀后的原料，在烹调前加入适量的淀粉、鸡蛋等拌匀，使其附着在原料表面。

淀粉：淀粉在水中受热后会发生糊化，形成一种均匀而较稳定的糊状溶液。上浆后主、配料及周围的水分不是很多，加热时淀粉糊化则可在烹饪原料周围形成一层糊化淀粉的凝胶层，防止或减少烹饪原料中水分及营养成分的流失。上浆后的主、配料一般采用中温油烹制，因为浆液中含水量很大，所以淀粉在浆液中一般不易发生美拉德反应和焦糖化反应。但淀粉却能较充分地糊化，使浆液具有较好的黏性，并紧紧地裹在主、配料表面上，防止主、配料发生褐变反应生成不好的颜色，进而达到上浆的要求。

鸡蛋：鸡蛋用于上浆时，主要是鸡蛋清在起作用。鸡蛋清富含可溶性蛋白质，是一种蛋白质溶胶。受热时，鸡蛋清易产生热变性并凝固，使其由溶胶变为凝胶，这有助于在上浆主、配料周围形成一层更完整、更牢固的保护层，阻止主、配料中水分的散失，最重要的是改变上浆后主、配料的色泽，使其呈白色或黄色。例如，滑溜里脊、滑炒鸡丝用的是蛋白粉浆，菜肴成品色泽洁白；茄汁肉片、鱼香肉丝用的是全蛋粉浆，菜肴成品色泽浅黄。

二、挂糊对菜肴上色的影响

挂糊是经过改刀后的原料在烹饪之前，用鸡蛋、淀粉、面粉或面包粉等原料加水制成糊状，挂抹在原料的表面，挂糊的原料一般用干炸、焦溜等烹调方法。

淀粉、面粉或面包粉：以淀粉为主制成的糊易发生焦煳化，质感焦脆。淀粉与糊中的蛋白质等发生美拉德反应，自身发生焦糖化反应（这些反应都是在无水、高温下进行的），生成了各类低分子物质，使菜肴具有诱人的色泽。以面粉为主制成的糊，由于面筋的作用，质感比较松软，面粉中的蛋白质则可与糊化的淀粉相结合，利用自身的弹性和韧性提高糊的强度。若将淀粉与面粉调和使用，可相互补充，产生新的质感。面包粉是面包干燥后搓成的碎渣，制作炸类菜肴时，主、配料挂上黏合剂再滚或撒上面包粉起到

不黏结的作用。同时经挂裹面包粉（渣）的主、配料，在受热时易上色、增香，面包粉中的蛋白质与糖类起羰氨反应，可使炸制品表面酥松、质感良好。

鸡蛋：鸡蛋清受热后蛋白质凝固，能形成一层薄壳，阻止主、配料中的水分浸出，使其保持良好的嫩度；鸡蛋黄或全蛋液含脂肪多，油润阻水，并且在油炸过后可以形成良好的颜色。例如，软炸鸡条、软炸里脊使用的是蛋白糊，菜肴成品色泽呈现浅白色；锅烧肘子、炸虾仁用的是全蛋糊，菜肴成品色泽呈现诱人的金黄色；干炸蘑菇、京包里脊用的是蛋泡糊（将鸡蛋清打成泡沫状，再加入淀粉和面粉调制而成），菜肴色泽呈现灰白色或浅黄色；干炸肉段、锅包肉用的是淀粉糊，菜肴色泽呈现老黄色或金红色。

三、勾芡对菜肴上色的影响

勾芡是在原料成熟时，将调好的粉汁淋入锅内，使汤汁浓稠以增加对原料附着力的方法。勾芡能增加菜肴的光泽度，颜色和光泽是相辅相成的，一个菜肴的颜色如果没有光泽是不完美的。

淀粉：淀粉在一定量的水中加热，吸收很多水分而膨胀发生糊化，使菜肴汤汁浓稠度增大，对菜肴具有改善质感、融合滋味、保持温度、突出菜肴风味和减少养分损失的重要作用。淀粉糊化后形成的糊具有较大的透明度，它黏附在菜肴表面，显得晶莹光洁、滑润透亮，起到了美化菜肴的作用。此外，淀粉的糊化与加热温度有关，所以勾芡时温度要适当。

油脂：有助于提高芡汁的亮度。当芡汁淋入菜肴后，在加热状态下会吸水膨胀而糊化，形成一种溶胶，这种溶胶的光度较暗。如果在淀粉芡汁糊化的同时，向锅中的芡汁淋入适量明油，明油就会裹在芡汁中被一起糊化，这样芡汁的光亮程度会大大提高。但是如果芡汁的糊化过程已经结束再淋入明油，由于明油在糊化体系以外，则芡汁亮度得不到提高。

由于菜肴的质量要求和烹调方法不同，对调味粉汁有不同要求，所以最后菜肴成品的色泽也有所不同。例如，“滑溜里脊”“滑溜鱼片”等要求色白的菜肴，使用的是白混汁（不加酱油的调味粉汁）；“焦熘肉段”“熘肝尖”“鱼香肉丝”等要求有颜色的菜肴，使用的是红混汁（带有酱油的调味粉汁）；“清炒鸡丝”“芫爆里脊”“鸡茸豌豆”等要求清淡色白的菜肴，使用的是白清汁（不加淀粉和酱油的调味粉汁）；“锅包肉”“炸烹鲫鱼”“香烹鸡腿”等用的是红清汁（不加淀粉而带有色泽的调味汁）。

第五节　调料及着色剂的调色作用

一、运用调料使菜肴上色的机制

（一）运用各种有色调味品复合成色

复合成色是将有关调料以一定浓度或一定比例调配出菜肴色泽的调色方法，多用于水烹制作菜肴的调色。常用的调料是一些有色调料，如酱油、红醋、糖、番茄酱、红糟、酱等。此法在菜肴调色中用途最广，操作时可以用一种调料，以浓度大小控制颜色深浅，也可以用数种调料以一定比例配合，调配出菜肴色泽。为了使菜肴原料很好地上色，可以在调色之前，先将菜肴原料过油或煸炒，以减少原料表层的含水量，增强对有色调味品的吸附能力。复合成色的原理和绘画色彩的调配相似，不过复合成色所调配的色彩远没有绘画那么复杂。

（二）直接添加或使用调味品上色

“直接添加”是在烹调过程中直接添加有色调味品着色的方法。例如，往红烧鱼、红烧肉中放入酱油，使成品褐红；红花鱼翅则利用天然香料藏红花着色调味等。而“表面涂抹”在烹调中，是指用调味品有意无意地将原料（或菜肴）涂抹或染上颜色的一种方法。例如，在酱制品成品表面涂抹一层糖色或油脂，使成品表面油光红润。

二、运用着色剂使菜肴上色的机制

目前，我国规定允许使用的着色色素分为食用天然色素和食用人工合成色素。

（一）食用天然色素

目前，我国规定允许作为人工着色色素使用的食用天然色素有虫胶色素、姜黄素、辣椒红素、红曲色素、甜菜红、β-胡萝卜素、胭脂树抽提物、焦糖色素、小龙虾色素、磷虾色素等。其中焦糖色素、辣椒红素、藏红花、绿叶汁等在烹调中经常使用，主要是利用原料对于色素的吸附作用及扩散作用。例如，在名菜樱桃肉中添加红曲色素上色，使其红色娇艳欲滴、诱人食欲。

（二）食用人工合成色素

食用人工合成色素性质稳定、着色力强、可任意调色、使用方便、成本低，但本身无营养价值，而且有些对人体有害，或在人体内代谢后可产生有害物质，在合成过程中易被重金属污染。因此，世界各国对食用人工合成色素使用的种类、用量和范围均有严格规定。我国目前允许使用的食用人工合成色素主要有苋菜红、胭脂红、柠檬黄和靛蓝4种，它们之间的使用性质比较如表3-3所示。

表3-3　食用人工合成色素使用性质比较

名称	溶解度			坚实度							
	水	乙醇	油脂	耐热性	耐酸性	耐碱性	耐氧性	耐还原性	耐光性	耐食盐性	耐细菌性
苋菜红	17.2%（21℃）	极微	不溶	1.4	1.6	1.6	4.0	4.2	2.0	1.5	3.0
胭脂红	23%（20℃）	微溶	不溶	3.4	2.2	4.0	2.5	3.8	2.0	2.0	3.0
柠檬黄	11.8%（21℃）	微溶	不溶	1.0	1.0	1.2	3.4	2.6	1.3	1.6	2.0
靛蓝	1.1%（21℃）	不溶	不溶	3.0	2.6	3.6	5.0	3.7	2.5	4.0	4.0

注：坚实度项目中，1.0～2.0表示稳定；2.1～2.9表示中等稳定；3.0～4.0表示不稳定；4.0以上表示很不稳定

食用人工合成色素按化学结构可分为偶氮化合物与非偶氮化合物两类。偶氮化合物又可分为油溶性色素与水溶性色素。油溶性色素不溶于水，进入人体后不易排出体外，因此它们的毒性都比较大，现在已不作为食品的着色剂。

1. 苋菜红

苋菜红又称蓝光酸性红，为红色颗粒或粉末。对光、热及盐比较稳定，耐酸性较好，对柠檬酸、酒石酸等较稳定，但在碱性溶液中则变成暗红色。对氧化还原作用较为敏感，故不能用于发酵食品着色。

2. 胭脂红

胭脂红属于单偶氮色素，与苋菜红互为异构体。为红色至暗红色颗粒或粉末，无臭，溶于水中呈红色。对光和酸较稳定，遇碱变成褐色，耐热性及耐还原性相当弱，易被细菌分解。胭脂红每日允许摄入量为0～0.125mg/kg体重，最大使用量为50mg/kg食品，主要用于糕点裱花。

3. 柠檬黄

柠檬黄又称肼黄或酒石黄，为橙黄色至橙色的颗粒或粉末，无臭，0.1%水溶液呈黄色，溶于甘油、丙二醇，稍溶于乙醇，不溶于油脂。柠檬黄每日允许摄入量为0～7.5mg/kg体重，最大使用量为100mg/kg食品，主要用于水果罐头、果酱等。

4. 靛蓝

靛蓝又称靛胭脂、磺化靛蓝，为蓝色颗粒或粉末。无臭，对光、热、酸、氧化作用都很敏感，耐热性较弱，易被细菌分解。还原后褪色，对食品的着色力好。靛蓝每日允许摄入量为0～2.5mg/kg体重，最大使用量为100mg/kg食品。

5. 着色中的注意事项

（1）安全问题

有些添加剂，特别是化学合成着色剂，往往都有一定的潜在风险或毒性，必须严格控制使用，包括食用对象、使用对象、色素规格和用量。原则上菜肴和主食中不可使用食用人工合成色素。

（2）使用方法和色素溶液的配制

使用时，一般可分为混合与涂刷两种。混合法适用于液态与酱状或膏状食品，即将欲着色的食品与色素混合并搅拌均匀。涂刷法主要对不可搅拌的固态食品应用，可将色素预先溶于一定的溶剂（如水）中，而后再涂刷于欲着色的食品表面，糕点装饰可用此法。

直接使用色素粉末不易使之在食品中分布均匀，可能形成色素斑点，所以最好配制成溶液应用。一般使用的浓度为1%～10%，过浓则难以调节色调。配制时应该按每次的用量进行，因为配好的溶液久置后易析出沉淀。另外，配制水溶液所使用的水，通常应将其煮沸，冷却后再用，或者使用纯净水。调配或储存色素的容器，应采用玻璃、搪瓷、不锈钢等耐腐蚀的清洁容器具，避免与铜、铁器接触。

选择色素时要注意食品其他成分的影响，包括油脂、有机酸、其他食品添加剂，特别是氧化还原剂等成分的影响。

（3）色调的选择与拼色

色调的选择应考虑消费者对食品色泽方面的爱好和认同，应选择与食品原有色彩相似，或与食品名称一致的色调。为丰富食用人工合成色素的色谱，可将色素按不同的比例混合拼配。理论上由红、黄、蓝三种基本色即可拼配各种不同的色谱。

各种食用人工合成色素溶解于不同溶剂中，可能产生不同的色调和强度，尤其是在使用两种或数种食用人工合成色素拼色时，情况更为显著。例如，各种酒类因乙醇含量的不同，溶解后的色调也各不相同，故需要按照其乙醇含量及色调强度的需要进行拼色。此外，食品干燥时，色素也会随之集中于表层，造成所谓的“浓缩影响”。拼色中各种色素对日光的稳定性不同，褪色快慢也各不相同，如靛蓝褪色较快，柠檬黄则不易褪色。

（4）遵循先调色后调味的程序

添加色素时，要遵循先调色后调味的基本程序。这是因为绝大多数调色料也是调味料，若先调味再调色，势必使菜肴口味变化不定，难以掌握。

（5）加热的菜肴要注意分次调色

一般食用人工合成色素难以耐受105℃以上的高温，所以应避免长时间置于105℃以上的高温条件下。需要长时间加热烹制菜肴（如红烧肉等）时，要注意运用分次调色的方法。因为菜肴汤汁在加热过程中会逐渐减少，颜色会自动加深，如酱油在长时间加热时会发生糖分减少、酸度增加、颜色加深的现象，若一开始就将色调好，菜肴成熟时，色泽必会过深。所以在开始调色阶段只宜调至七八成，在成菜前，再来一次定色调制，使成菜色泽深浅适宜。

第六节　其他的色彩搭配作用

一道菜要吸引人，首先要好看。什么叫好看呢？那必须是菜肴色彩搭配得当。色彩与饮食的关系建立在条件反射的基础上，良好的色彩搭配，自然触发对菜肴的联想，仿佛醇香之味溢于口鼻，故而食欲大增。

一、颜色搭配对于菜肴颜色形成的作用

“配”是在烹调过程中，人们将几种不同色泽的原料配在同一菜肴中，让其相互衬托增色。一般采用顺色配和逆色配两种方法。色调的选择应符合人们对于食品的要求，为了丰富烹饪加工中对于色彩的需求，可以将不同颜色进行混合搭配，从理论上讲由红、黄、蓝可以拼配出多种不同的颜色，具体配法见图3-2。

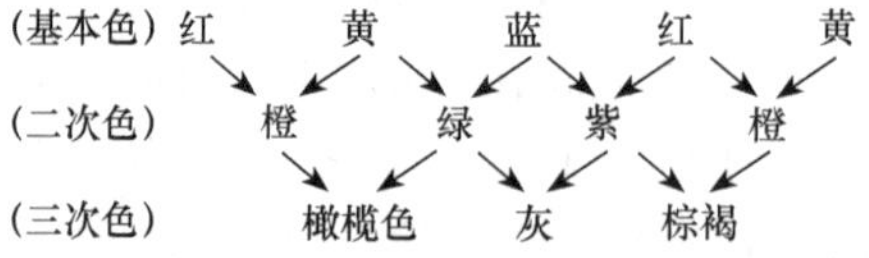

图3-2　颜色搭配具体配法

（一）顺色配

顺色配只限于暖色调和中性色调，如暖色调的红色（大红、金红、玫瑰红）、黄色（金黄、乳黄、橙黄、鹅黄），中性色调中的绿色（深绿、翠绿、草绿、墨绿）等。这里要说明的是近色不能互配，如红辣椒与番茄、黄花与鸡蛋黄、青椒与蚕豆瓣，在红、黄、绿三色中任意选两种互配才会体现出鲜明、生动、清爽、雅致的色调，如翡翠口蘑（翠绿色豆瓣与乳黄口蘑）、香椿炒鸡蛋（墨绿色香椿与鹅黄色鸡蛋）、菠萝鸭片（橙黄的菠萝与酱红色的烤鸭片重叠相间）。

（二）逆色配

逆色调即暖色调或中性色调与冷色调互配，这样的配色常常给人以节奏感，跳跃起

伏，色彩的反差大，更富有视觉冲击力，也更有韵味，如黑与白的香菇鸡丝，红与黑的红油海参，红与绿的锅贴螃蟹等。

"配"不仅要讲究菜肴本身的衬托，还要注重与外界环境的配合。例如，利用灯光来使菜肴增色。将辅助光源（如射灯）照射在菜肴上，可以起到两个基本作用：保温和增色。保温，可以对热菜或点心起到防冷及增脆的作用；所谓增色，即不同光谱的灯光，可以给不同色彩的菜肴增添色彩，增加美感。如果再配以一定的烟雾效果等，更能增进菜肴的色、香、味功能。

二、点缀与围边对于菜肴颜色的装饰作用

"点缀"是菜肴点缀的艺术美、形态美。虽然菜肴的色彩和造型至关重要，但也不可忽视菜肴点缀和围边的作用。在一般情况下，都是通过上述这两种装饰方式来体现菜肴的形态美。点缀与围边既可以美化菜肴，又省时省料，是比较适用的装饰方法。菜肴的点缀与围边，是吸取了西餐菜肴的装饰手法：其一，中餐菜肴点缀与围边的原料多是可食性的，并具有调剂口味的作用。其二，营养搭配合理。因点缀与围边的原料多属植物性原料，而它所装饰的菜肴则多是动物性原料。其三，点缀与围边当然因菜而异，一些以刀工成型的菜肴，无需任何装饰，同样给人以美的享受，如"芙蓉鸡片"（以鸡肉的白色为基调，再配一些绿色的蔬菜，就可以把鸡片的白色烘托陪衬得更加突出）、"锦绣鱼丝"等，本身就具有配料色彩和刀工技艺的美，如果再把它加以装饰，反而会使人产生太花哨、不实在的感觉。所以，我们应本着"既好看，又好吃"的原则烹制菜肴。这种方法若运用得当，可以起到画龙点睛的效果。例如，鲁菜的炒虾片，如果我们不给它进行点缀美化，它不过是一盘较好的普通菜肴，而如果在烹制时，给它配上几片小菜心、盘边点缀几朵鲜花，效果就会截然不同了。洁白如雪的虾片，衬着几点碧绿的菜心，在色彩上有了鲜明的对比，再加上盘边所饰的鲜花，真有"万绿丛中一点红，白雪之中春意浓"的趣味。通过这简单的点缀，既省时省料，又能提高菜肴的观赏价值，何乐而不为呢。上述菜肴实例还有许多，如扒鱼脯、油爆鱼芹等，若点缀上几片小菜心或在盘边处点缀上两片绿色的蔬菜叶或鲜花，都可以改变菜肴整体的视觉效果。虽然点缀所用之料微小，在菜肴中处于附属地位，但是它却有加深整体菜肴的意境之美和画龙点睛的作用。值得注意的是，装盘的点缀，无论中菜还是西菜，一般都以素菜作为烘托，不要喧宾夺主，要突出主菜本身。点缀的素菜，要在品种和形式上多变化，不要都是萝卜花、香菜叶、黄瓜环。

三、盛器对于菜肴颜色的点润作用

以盛器润色菜肴，遵循的其实也是色彩搭配的原理。例如，人们平时做的"珍珠丸子"、"熘鱼丁"，菜是白色，若再用白色或接近白色的瓷盘来盛装，则给人以单调的感觉，如果配以青瓷盘，就能衬托出菜肴晶莹纯白的色泽，给人以清新之感。盛装时还应注意到整个菜肴的色和型的和谐美观，运用盛装技术把原料在盘中排列成适当的形状，同时注意主、辅料的配合，使菜肴在盘中色彩鲜艳，形态美观。例如，"红烧肚裆"（青鱼腹部）平行整齐排列；"南乳肉"应装在盘子的正中，四周或两头用绿叶菜围边，使色泽更加鲜艳（应先围边，再盛装主菜）。中国烹饪历来讲究美食美器。一道精美的菜点，

如能盛放在与之相得益彰的盛器内，则更能展现出菜点的色、香、味、型、意来。再则盛器本身也是一件工艺品，具备了欣赏的价值。如选用得当，不仅能起到衬托菜点的作用，还能使宾客获得一种视觉艺术享受。

第七节 菜肴调色的基本要求

人们长期以来形成的饮食习惯决定了菜肴色泽的两大特点：①特别讲究菜肴原料的本来之色；②特别讲究菜肴原料的热变之色。原料的本来之色，尤其是蔬菜原料，常常代表着新鲜。原料的热变之色，如淡黄、金黄、褐红等，能很好地激起人的食欲。因此，对调色具有如下要求。

一、尽量保护原料的鲜艳本色

蔬菜的鲜艳本色预示着原料新鲜，并且能很好地刺激人的食欲，调色时应尽可能予以保护。例如，绿色蔬菜在烹调时要特别注意火候，不要加盖焖煮，还要注意尽量不用能掩盖其绿色的深色调料和能改变其绿色的酸性调料。肉类原料的本来红色在烹调中有时也需保护，可以在加热前先用一定比例的硝酸盐或亚硝酸盐腌渍。

二、注意辅助原料的不足之色

有些原料的本色作菜肴之色显得不够鲜艳，应加以辅助调色。较为典型的是香菇，烹调时加适量酱油来辅助，其深褐本色就会变得格外鲜艳夺目，否则菜肴色泽便不太理想。有些原料受热变化后的色泽时常也需要用相应的有色调料辅助，如往干烧、干煎大虾之类的菜肴中加入适量番茄酱，也可增色。

三、注意掩盖原料的不良之色

有些原料制成菜肴后色泽不太美观，如畜肉受热形成的浅灰褐色，需要用一定的调制手段予以掩盖。上浆、挂糊表面刷蛋液，高温处理，加深色调料等均起着掩盖原料不良之色的作用。

四、注意促进原料的热变之色

菜肴原料受高温作用，如炸、煎、烤等，表面发生褐变，可呈现出漂亮的色泽。要使原料的热褐变达到菜肴的色泽要求，除了严格控制火候之外，有时还要加一些适当的调料，以促进其热褐变的发生。例如，烤制菜肴，常要在原料表面刷上一层饴糖、蜂蜜、蛋液等；炸制菜肴，有时需在原料码味时加入一些红醋、酱油等（酱油不可多放，否则色泽会过于深暗）。

五、注意丰富各种菜肴的色彩

很多菜肴的调色不是单纯地考虑原料的本色，而是根据菜肴的色泽要求和色泽与食欲的关系，用有色调料来调配，以使菜肴的色彩变化更为丰富。同一种原料可以调配出多种不同的色调，如肉类菜肴就可以有洁白、淡黄、金黄、褐红等色，这是使菜肴色彩丰富的关键。

六、注意色泽与香、味之间的配合

菜肴的调色必须注意色泽与香气和味道的配合，因为色泽能使人们产生丰富的联想，从而与香气和味道发生一定的联系。一般来说，红色，使人感到鲜甜甘美，浓香宜人，还有酸甜之感；黄色，使人感到甜美、香酥，鲜淡的柠檬黄还给人以酸甜的印象；绿色，使人感到滋味清淡，香气清新；褐色，使人感到味感强烈，香气浓郁；白色，使人感到滋味清淡而平和，香气清新而纯洁；黑色，有糊苦之感（原料的天然色泽除外）；紫色，能损害味感（原料的天然色泽除外）；蓝色，一般给人以不香之感。黑、紫、蓝三色通常很难激起人的食欲。

七、注意防止原料呈现变质的颜色

前面提到过，菜肴原料的鲜艳本色会让人感觉到原料特别新鲜，能很好地激起食欲。但是如果将绿色蔬菜调配成黄色，红色肉类调配成绿色，则会让人感觉到原料腐败变质，看在眼里没了食欲，吃在嘴里难以咽下。因此，调色时应避免形成原料的腐败变质之色。

讨论题

1. 肉类中存在的主要色素及贮存和加工中的主要变化是什么？
2. 结合本章内容解释煮熟的虾颜色变红的机制。
3. 说明羰氨反应和焦糖化反应与菜肴色泽形成的关系。
4. 说明酶促褐变的反应机制及控制方法。
5. 说明菜肴调色的要求及注意事项。

阅 读 引 导

1. 黄刚平．2011．烹饪化学［M］．上海：复旦大学出版社

该书简述了食品成分在烹饪加工中的理化性质和变化，把食物的物质组成、物质状态和物质变化与食品的加工工艺特点及色、香、味、型、质等感官性能的关系联系在一起，清晰地阐述了烹饪加工中有关方法的科学原理、工艺条件和技术关键，对烹饪现象有较好的指导作用。同时，该书观点新颖，取材丰富，内容深入浅出，反映了食品科技在烹饪生产和研究中的最新进展。该书可作为高等教育烹饪专业的教材或教学参考书，也可作为其他高等院校相关专业的教学参考书，还可供广大有关行业技术人员、专业科研人员参考。

2. 严祥和．2009．烹饪化学［M］．杭州：浙江大学出版社

该书内容包括基础化学知识，食物中主要营养成分介绍，烹饪中色、香、味的相关理论，原料在烹饪过程中的主要变化及食品安全方面的相关知识。全书从化学的角度阐述并诠释了在烹饪过程中发生的许多变化和现象，最大限度地帮助学生理解、掌握化学与烹饪的必然联系及化学对烹饪技艺所产生的重要影响，为更好地学习烹饪技艺打下扎

实的理论基础。

3．曹雁平，刘玉德．2003．食品调色技术［M］．北京：化学工业出版社

该书是一本系统介绍有关食品颜色调配方法的技术专著，概述了食品的调色、补色、发色、护色技术的原理、工艺、应用和安全性等内容。介绍了调色技术的基础——颜色科学、食品色光性质、食品变色机制和控制理论等。

第四章 菜肴味的形成

本章的学习将有助于你回答下列问题：

1. 味觉的生理是什么？
2. 味与味之间的相互作用是什么？
3. 烹饪中常用的调味方法有哪些？
4. 菜肴原料在加热中的变化有哪些？
5. 基本调味料的调味功能是什么？

第一节 味的概述

一、味觉

民以食为天，食以味为先。以味为核心是中国烹饪的显著特征之一。中国烹饪十分讲究“鼎中之变”，中国菜肴历来以味为本。中国烹饪非常讲究菜肴的味和调味。味觉是人的一种本能感觉。人们把肉眼看得见的食物送入口腔，再通过口腔进入消化道的这个过程所引起的生理感觉定义为味觉。

（一）味觉的生理

食物的味是多种多样的，它主要由食物的呈味成分所决定。要感受到食物的味，必须通过人体的味觉器官。味觉器官主要由味感受体和味觉的神经构成。味觉是由味蕾感受到的，舌头表面的味蕾如图 4-1 所示。味蕾的顶端有一个小孔，称为味孔。食品的各种滋味（口味），都是由于食品中可溶性成分溶于唾液，或食品溶液刺激舌头表面上的味蕾，再进入味孔，通过收集和传递信息的神经感觉系统传导到大脑，经过大脑的综合神经中枢系统的分析处理和识别，使人产生味觉。

味蕾通常由 40～150 个香蕉型的味细胞排列成桶状而组成，内表面为凹凸不平的神经元突出。味细胞表面的蛋白质、脂质及少量的糖类、核酸和无机离子，分别接受不同的味感物质，蛋白质是甜味物质的受体，脂质是苦味和咸味物质的受体，有人认为苦味物质的受体可能与蛋白质相关。

有实验表明，不同的呈味物质在味蕾上有不同的结合部位，尤其是甜味、苦味和鲜味物质，其分子结构有严格的空间专一性要求。一般来讲，舌尖对甜味最敏感，舌尖的前两侧边缘对咸味最敏感，舌头的两侧中部（即舌头靠腮两侧）对酸味最敏感，舌头根部对苦味最敏感。这种分布不是绝对的（图 4-2）。

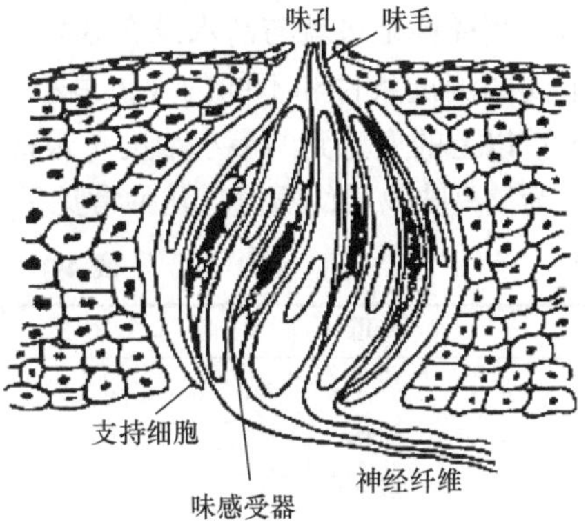

图 4-1 味蕾的结构

（二）味觉的机制

关于味觉机制的研究尚处于探索阶段。当前已有定味基和助味基理论、生物酶理论、物理吸附理

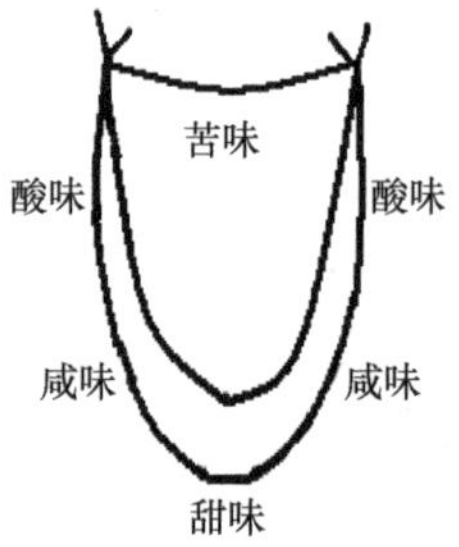

图 4-2 舌头不同部位对味觉的敏感性

论、化学反应理论等，多数以化学味为基础，借助在化学各领域获得的进展和新的理论重新阐述机制。

现在普遍接受的机制是，呈味物质分别以质子键、盐键、氢键和范德瓦耳斯力形成 4 类不同化学键结构，对应酸、咸、甜、苦 4 种基本味。在味细胞膜表层，呈味物质与味受体发生一种松弛、可逆的结合翻译过程，刺激物与受体彼此相互适应，通过改变彼此构象而相互匹配契合，进而产生适当的键合作用，形成高能量的激发态，此激发态是亚稳态，有释放能量的趋势，从而产生特殊的味感信号。不同呈味物质的激发态不同，产生的刺激信号也不同。由于甜受体穴位是按一定顺序排列的氨基酸组成的蛋白体，若刺激物极性基的排泄次序与受体的极性不能互补，则将受到排斥，就不可能有甜感；换句话说，甜味物质的结构是很严格的。由表蛋白结合的多烯磷脂组成的苦味受体，对刺激物的极性和可极化性同样也有相应的要求。因受体与磷脂头部的亲水基团有关，对咸味剂和酸味剂的结构限制较小。

二、味的特征

（一）味的分类

对于味的分类，如果从生理学的角度来进行，可以把味分为甜味、酸味、苦味、咸味 4 种基本味。有时也将这 4 种味称为“四原味”或者“四种单一味”。但是由于不同的国家和民族饮食习惯和生活习惯的不同及风味爱好的差异，对味的分类也就产生了一定的区别。中国、日本把味分为 5 味，欧美各国分为 6 味，而印度则分为 8 味。4 种基本味觉对于大多数味觉体验的表达已经足够了。除了上述常常遇到的甜、酸、苦、咸、鲜味以外，人们有时也会遇到清凉味、碱味、金属味等其他味。

（二）味的阈值

人们在对食品的风味进行研究时，应在数量上对食品与呈味物质的味觉强度和味觉范围进行量度，以保证描述、对比和评价的客观和准确。为此通常可以使用的数值参数包括阈值（C_T）、等价浓度（PSE）、辨别阈（DL 或 JND），使用最多的是阈值。

味的阈值是指人可以感觉到某种特定味的最低浓度。在表示呈味物质的味觉强度和味觉范围时，人们常用味的阈值来表示呈味物质的呈味能力大小。例如，食盐水是咸的，但将其稀释至极就与清水没有区别了，一般能感到食盐水咸味的浓度应达到 0.2% 以上。不同的测试条件和不同的人，最小刺激值也有差别。一般来说，应有许多人参加评味，半数以上的人感到的最小浓度（最低呈味浓度），即刺激反应的出现率达到 50% 的数值，称为该呈味物质的阈值。几种常见呈味物质的阈值见表 4-1。

表 4-1　几种常见呈味物质的阈值

味道	物质	阈值 /（mol/L）
咸味	食盐	0.08
甜味	蔗糖	0.5
酸味	柠檬酸	0.0025
苦味	盐酸奎宁	0.001
鲜味	谷氨酸钠	0.03

（三）味与味之间的相互作用

在制作菜肴的调味过程中，常常需要在同一菜肴中加入两种或两种以上不同的调味料。这些菜肴所呈现出来的味，已不再是单一的味，而是复杂的综合味。由于食物或菜肴中不同的呈味物质与呈味物质之间会产生一系列的相互作用，这些相互作用对调味过程中味觉的变化必将产生一定的影响。

第一，对比作用。把两种或两种以上不同味觉的呈味物质以适当的数量混合在一起，可以导致其中一种呈味物质的味感变得更加突出的现象，称为味的对比现象。例如，在15%的蔗糖溶液中加入0.177%的食盐，其结果是这种蔗糖与食盐组成的混合溶液所呈现出来的甜味感，要比原来的蔗糖溶液显得更加甜，即“要想甜，加点盐”。味精只有在食盐存在的情况下才能显示出鲜味，如果不加食盐，不仅毫无鲜味，甚至还有种腥味产生，给人一种不愉快的味感，这是鲜味与咸味之间的对比作用。日常生活中，这种利用味的对比现象的例子比比皆是。例如，制作年糕小豆汤、赤豆元宵时，按照食糖的量加入极少量的食盐；食用菠萝时有意识地蘸点食盐后再食用；不慎购买了半生不熟的西瓜，可以在食用西瓜时，蘸点食盐，利用食盐的咸味与西瓜中的甜味之间所发生的味的对比作用，使得原本并不太甜的西瓜变得比较甜了。

第二，相乘作用。把同种味觉的两种或两种以上的不同呈味物质混合在一起，可以出现使这种味觉猛增的现象，称为味的相乘作用。科学家在研究甜味剂时，发现甘草酸胺本身甜度为蔗糖的50倍，但与蔗糖混合后共享时，发现混合后溶液的甜度竟然猛增到蔗糖的100倍。可见甜度的增加并非是简单的甜味相加，而是具有甜味的相乘作用。另外，科学研究人员发现在鲜味剂中的味精与肌苷酸、鸟苷酸之间也具有味的相乘作用。当把95g味精与5g肌苷酸相混合，这两种不同的鲜味剂混合后所呈现的鲜味相当于600g味精所呈现的鲜味强度。很明显这种鲜味强度的剧增也不是简单的鲜味相加，而是鲜味的相乘。

在烹调中为了增强菜肴的鲜味，常常运用这种味的相乘作用。例如，在制作某些炖、煨的菜肴时，经常要选用数种以上的不同原料，将富含肌苷酸的动物性原料（如鸡、鸭、猪蹄髈、猪骨、鱼、蛋等）与富含鸟苷酸、鲜味氨基酸酰胺的植物性原料（如竹笋、冬笋、香菇、蘑菇、草菇等）混合在一起进行炖、煨，利用这些原料中不同的鲜味物质之间所发生的鲜味相乘作用，使得整个菜肴的鲜美味很大程度上有所提高。

第三，相消作用。与相乘作用相反，因一个味的存在而使另一个味明显减弱的现象称为相消作用。食盐、砂糖、奎宁、乙酸这4种呈味物质分别呈现出咸、甜、苦、酸4种不同的味觉。在它们之间，人们把任何两种呈味物质，以一定浓度的溶液形式适当进行混合后，会使味感比其单独存在时要弱。酱油中含有16%～18%的食盐和0.8%～1.0%的谷氨酸，咸鱼中含有20%～30%的食盐和一定量的肌苷酸。如果单独品尝18%或20%的食盐溶液，确实会非常咸。但事实上，酱油和咸鱼虽然含盐量很高，但是人们在品尝它们时却并未感觉到如此大的咸味强度。这是由于在酱油和咸鱼中除了含有较多的食盐成分以外，还存在着一定量的谷氨酸钠、肌苷酸等鲜味成分，它们之间将会产生一种味觉相互缓和、减弱的作用。

在烹饪行业中，有经验的厨师在烹调时，常常会有意识地利用这种味与味之间的相消作用。如果不慎将菜肴的口味调得过酸或过咸时，可以在菜肴中添加适量食糖的方法来进行过酸或过咸口味的减弱，这实际上就是利用了糖与食盐或者糖与乙酸之间具有相消的作用。糖醋味的形成，实际上是人们有意识地利用了砂糖与食醋之间发生了味的相消作用而产生的一种酸甜味型。这种味型在烹饪中运用得非常广泛。据有关研究，在 0.1% 的乙酸溶液中添加 5%～10% 的蔗糖，这时形成的混合液，其酸甜味刚好合适。此浓度与烹调时常用的糖醋汁浓度大致相同。但有时却会有另一种情况发生，例如，以糖的甜味掩盖了食盐的咸味时，这将使品尝者既多食入了糖，也多食入了盐。人体对食盐的过多摄入将会带来不利的影响，如容易产生高血压病等。味的相消作用只是在口味上起到了互相遮掩的目的，实际上被掩盖的另一种调味物质仍然以原来的数量而存在。

第四，转化作用。由于受某种味觉呈味物质的影响，另一种味觉的呈味物质原有的味觉发生了改变，这种现象称为味的转化作用。例如，口渴时喝水会有甜感；同样在吃了很咸的食物之后，马上喝普通的水也会感到甜。非洲有一种灌木林的果实称为神秘果，这种果实被人食入以后，再去品尝具有酸味的食物，反而使人产生甜味的感觉，原有的酸味却消失了。原因是这种神秘果的果实中有一种糖蛋白，即使是在 2% 的极低浓度下，这种糖蛋白液也能使酸味物质转变为持续几小时的甜味。由于这种奇迹般的转味现象的发生，有时也把这种“神秘果”称为“奇迹果”。

味的转化现在在烹饪菜肴的过程中极少出现，一般不必担心这种现象的产生。然而，在评定菜肴、饮料、酒类的质量时，评判员往往在品尝后，要用无味的白开水洗漱口腔，间歇数秒后，再继续品尝下一种菜肴、饮料和酒，防止味的转化作用的发生，以影响评判员判断的正确性和准确性，此外，白开水还具有洗涤口腔的作用。

三、影响味觉的因素

（一）味觉与年龄

每个人生活的环境差异很大，在饮食方面表现为所摄取的食物和嗜好的不同。特别是随着年龄的增长，味觉衰退给饮食造成很大影响。日本研究人员对幼儿到老人不同年龄层次的人进行了味觉实验。在甜味报告中，以砂糖作为甜味剂，成人的甜味阈值是 1.23%，小孩是 0.68%。实验说明小孩对糖的味敏感性约是成人的两倍。而不同人群对食盐的咸味随年龄层次的变换，敏感性变化不明显。但是幼儿对苦味极敏感，而老人对苦味则较为迟钝。年龄到 50 岁左右，味觉敏感性衰退的迹象更加明显。但对不同的味，其敏感性衰退有差异。老年人对酸味的敏感性衰退不明显，但甜味降低 50%，苦味只有约 30%，咸味仅剩 25%。

（二）味觉与温度

食物温度的高低对人的味觉也会产生一定的影响。同一种食物在不同的温度下品尝时，人在味的感觉上是有差异的。这是因为食物中的可溶性呈味成分对味觉神经刺激的强弱与品尝食物时的温度之间存在一定的联系，从而导致人对食物味感判断上有强弱之分。4 种基本味的味感因温度而异。在 17～42℃时，食盐、硫酸奎宁的阈值随温度升高而增大，苦味在 40℃时显示最高，糖精的甜味在 37℃时有最低值，甜味在 30～40℃时味感最高，咸味在 15℃时味感最高。

在烹饪实践中，对于那些适用于冷吃的菜肴，制作时可以人为地将口味调得偏重一些，以弥补由于品尝时温度低而产生口味不足的影响。实际上这就是提高了溶液中呈味物质的浓度，从而刺激味觉神经的作用增强，提高了食物中呈味物质的呈味强度。但这必须以不影响人们品尝食物的舒适感为限。

（三）味觉与溶解速度和浓度

由于呈味物质只有溶解之后才能被感知，因此溶解度对味感有影响。通常，溶解快的味感产生得就快，但消失得也快。例如，糖精比蔗糖难溶，其甜感产生得就慢，而持续的时间较长。

呈味物质的浓度不同则味感不同，只有适合的浓度才有愉快的味感。不同呈味物质的浓度与味感的关系是不同的。通常，任何浓度的甜味都是愉快的；任何单一的苦味几乎总是让人难以接受。低浓度的酸味和咸味令人愉快；而高浓度的酸味和咸味则会使人感到难受。另外，在可以感知的范围内，呈味物质的浓度与味感强度成正比，即浓度高则对人的味觉感受器的刺激强度也高，味感强度大。

（四）味觉与食物的黏稠度

良好、适当的黏稠度使食物看上去具有一种浓厚感、真实感，虽然只是外观表象，但是黏稠度对食物的口感来说，是一个非常重要的影响因素。因为食物讲究色、香、味、型、质俱佳，尤其是中国菜肴。黏稠度必须适当，黏稠度过高后味不净，有糊住嗓子、非常难受的感觉；而黏稠度较稀，则味感会迅速消失，使人觉得食物的风味不完整、不细腻、不丰满。可见适当的黏稠度可以做到锦上添花，提升品质，给人以满足的愉快感。食物黏稠度的调整是食物调味的重要组成部分。高档菜品“一品鱼翅”、“红扒鲍鱼”汤汁的良好黏稠度，是菜肴口味、色泽的重要表现方面，要求汤汁浓稠、附着性强、回味浓厚。烹制“蟹粉豆腐羹”时用蟹粉、淀粉勾芡，使蟹粉、豆腐黏性增强，主料、配料、调味料附着、混合在一起，形成口感厚重、鲜美的效果，使菜肴的色、香、味、型、质俱佳。

勾芡是中国烹调的基础技术之一，勾芡能使菜肴的黏稠度增大，使芡与菜肴的汤汁有机融合在一起，具有明显的滋润口感和提鲜增味的作用，有利于菜肴美味感的形成。勾芡后显得黏稠度高的菜品可以延长呈味成分在口腔内黏着的时间，特别是给软弱的味感更多的感受时间。

（五）味觉与食物的颗粒度

食物的颗粒度是食物的特征性质。通常来说，细度越大，食物的颗粒越小，越有利于呈味成分的释放，同时对口腔的触动越柔和，对味觉越有利。所以细腻的食物可以美化口感。对酱类、膏状等含水分较高的食物来说尤其显得重要。例如，用豆泥、山药泥等蔬菜泥制作的“八宝豆泥”“蜜汁豆泥”，颗粒的细腻度既是外观的要求，同时也影响到入口时的触觉美感和细腻度的享受。有些食物因为要在咀嚼过程中才能体验出美好的口感和食用时的快乐，这些食物就需要有明显的颗粒度，适当的弹性、韧性及滑顺的质感。例如，浙江名菜“蛋黄梭子蟹”，咸蛋黄的粉状颗粒通过用油炒制后，覆盖在梭子蟹壳上，品尝时能体验出蛋黄的鲜美、颗粒细腻的美感。

（六）味觉与食物的醇厚感

醇厚感是由于食物中的呈鲜美味的成分多，并含有肽类化合物及芳香类物质所形成的，能够使味感相互均衡协调而留下良好的厚味。与黏稠度不同，醇厚感是指味觉丰满、厚重的感觉，涉及味的本质，属于化学现象。而良好的黏稠度可以导致或改善食物的醇厚感。例如，含有适当浓度的味精和食盐的水溶液只能产生非常单薄的鲜味感，但是加入适量的水解动物蛋白或者水解植物蛋白后，不但提高了鲜味强度，而且产生出一定的醇厚感。

烹饪中常见的鸡汤、高汤虽为液体的汤汁，却淡而不薄，给人以鲜美醇厚的感觉，实际上就是有助于促进菜肴醇厚感的形成。因为在鸡汤、高汤中除了含有一定量的谷氨酸钠外，还含有其他多种鲜味物质，如肌苷酸钠、呈鲜味的氨基酸和短肽等，这些鲜味物质之间又可以发生鲜味的相乘作用。这些众多呈鲜成分相互作用、相互配合，从而使得鸡汤的鲜美味变得格外醇厚浓郁。尤其是鸡汤中还含有动物性脂类、矿物质和其他一些辅助呈鲜成分，这些辅助呈鲜成分有的虽然含量甚微，但是在呈现鸡汤的醇厚感方面起到了很好的味感辅助作用和诱导作用。

（七）味觉与油脂

油脂不起直接的呈味作用。它对味感的影响是间接的、隐形的。这是因为油脂往往给人更多的是弱的、反应较慢的味感印象。

油脂在口腔中的触觉是受诸多因素支配的，如油粒的大小，舌头表面形成油膜的厚度、溶解性、扩酸性、乳化性等。含有油脂的食物在人们品尝时之所以感觉到它的味道，实际上是含有油脂的乳化液或浑浊液对人们的味觉神经作用的结果所致。当水溶性的呈味物质与油脂形成乳化液（有时是形成浑浊液）后，这些乳化液或浑浊液将会粘连在菜肴上，使得人们进食时对味觉产生影响。

食物中的油脂会减少甚至能够短暂地改变食物的味道。因为食物中的呈味物质都是水溶性的，油脂在口腔内形成的薄膜通过屏蔽作用阻碍了水溶性呈味物质与味觉器官的接触，但是油脂薄膜不可能将口腔内所有味觉器官全部覆盖住，油脂薄膜也在受着唾液的动态冲刷作用。所以在有油脂存在时，人的味觉感官对各种呈味成分的感知是不同的，是动态变化的，使得风味有了很好的层次感和立体感。油脂的这种作用缓和了呈味物质对味觉器官的刺激强度，使食物更加可口。

第二节　食材的本味

一、咸味

咸味是一种非常重要的基本味，它在烹饪调味中的作用是举足轻重的，人们常常将咸味称为“百味之首”。它不但可以突出原料本身的鲜美味道，而且有解腻、去腥、除异味的作用。此外，它还有增甜的作用。

咸味是中性盐所表现出来的味感，或者说咸味在食物中是矿物质的信号。盐所具有的咸味与它解离后形成的阴、阳离子密切相关，这两种不同的离子都能对盐的咸味产生一定的影响。具有咸味的物质并非只限于食盐（氯化钠）一种，在化学上属于中性盐的物质有许多种，它们都能在一定程度上产生咸味，如氯化钾、氯化铵、溴化钾、溴化碘、碘化钠、碘化锂、苹果酸钠等。从化学的角度看，盐所具有的咸味与它解离后形成的阴、阳离子密切有关，这两种不同的离子都能对盐的咸味产生一定的影响。带正电荷的阳离子产生咸味，同时阴离子影响咸味并产生副味。从众多的具有咸味的盐来看，氯化钠是最为理想的咸味物。

随着阴离子的变化，副味开始发生一些变化。这些阴离子除 Cl^- 外，还有 Br^-、I^-、SO_4^{2-}、CO_3^{2-}、NO_3^{2-} 及有机酸根等。除卤素元素的阴离子外，其他阴离子都有明显的副味。阳离子的变化对咸味影响更大，一般随着其离子半径增大，其咸味向苦味变化。氯化钠在极小的浓度时，会呈现出微甜味；而在浓度较大时，则呈现出纯咸味。其他盐及氯化物虽有咸味，但是不纯正，杂有其他味，使人感到咸味不正。

二、甜味

甜味在调味中的作用仅次于咸味，它可增加鲜味，调和口味，能去腥解腻，使烈味变得柔和醇厚，还能缓和辣味的刺激感及增加咸味的鲜醇感。自然界中能够呈现甜味的物质有很多，但是在烹饪中常用的甜味调料并不是太多，主要有红糖、白糖、冰糖、麦芽糖、糖精等。有时甘草和甜叶菊苷等也被用于某些菜肴之中。红糖、白糖、冰糖和绵白糖的主要甜味成分都是蔗糖。因此，烹饪中蔗糖是最重要的甜味调料。表 4-2 是以蔗糖的甜度为 100 作为标准，其他各种糖及甜味物质与其比较时得出的相对甜度。

表 4-2 几种甜味剂的相对甜度

甜味剂	相对甜度	甜味剂	相对甜度
蔗糖	1.00	棉子糖	0.23
葡萄糖	0.69	乳糖	0.39
果糖	1.15～1.50	麦芽糖	0.46
鼠李糖	0.33	山梨糖	0.51
甘露糖	0.59	木糖醇	1.25
半乳糖	0.63	甘露醇	0.69
木糖	0.67	麦芽糖醇	0.95

研究甜味剂首先要弄清甜味的本质。沙氏理论认为：甜味的产生是由于甜味分子上的氢键供体和受体与味觉感受器上相应的受体和供体形成氢键结合，呈甜味物质分子内的氢键供体和受体之间的距离在 30nm 左右。我国化学家曾广植在此基础上，又提出了他的味觉板块假说：味信息的转译取决于不同受体板块所发出的低频声波振动的频率范围，从而产生各种不同“色彩”的酸、甜、苦、咸味感，但他的假说还没有通过实验来确证。

蔗糖在烹调中的作用十分重要。除了增加甜味以外，还可以消腥去腻，除臭味，校正口味，减少和抑制原料的咸、苦、涩味，缓和辣味的刺激感，丰富菜肴的口味，增加香气和鲜美味，使菜肴显得柔和醇厚，菜肴的味汁变得稠浓，也可起到着色、增色和美化菜肴的目的。在腌制品中加入适量的蔗糖，可减轻加盐脱水所致的老韧，保持肉类制品的持水性和嫩度。蔗糖也是制作糕点、小吃的重要原料。由蔗糖形成的转化糖，因甜度大、易上色，又有防止上浆制品发砂的作用，因此转化糖浆常代替饴糖用于多种糕点的生产。

麦芽糖是淀粉在淀粉水解酶的作用下所产生的水解中间产物。麦芽糖因在麦种发芽时，其种内的麦芽糖含量较高而得名。淀粉经酶水解后，得到的糊精与麦芽糖的混合物称为饴糖。饴糖是制作某些菜肴的主要原料，在制作烤鸭时常用饴糖。例如，制作中外闻名的北京烤鸭时就需用饴糖涂在鸭皮上。另外，在制作某些糕点时也需要加入一定量的饴糖，不但可以增加糕点的甜味，而且能帮着糕点着色，保持其色泽的鲜艳，特别是做颜色较深的糕点时很适用。

蜂蜜是蜜蜂采集花蜜后存入体内的蜜囊中，归巢后贮于蜡房中经过反复酿造而成的一种甜而有黏性、透明或半透明的胶状液体。蜂蜜也是烹饪中常用的一种甜味调料，广泛应用于糕点制作和一些风味菜肴中。在制作蜜汁类菜肴时，蜂蜜是一种很重要的原料，如蜜汁湘莲、蜜汁藕片、蜜汁银杏等。在制作糕点中使用蜂蜜不仅具有调味作用，还能使制品绵软、质地均匀，并能防止糕点制品的表面干燥开裂。但在酥点中不宜多用，否则制品很快吸湿而失酥。

葡萄糖和果糖都属于单糖类，这两种糖常常共存于果实或蜂蜜中，是自然界中分布最广也是最重要的单糖。葡萄糖和果糖都可通过工业化生产而得到。葡萄糖和果糖都易溶于水，稍溶于乙醇。在正常温度下，这两种糖都是结晶体，都具有吸湿性，但果糖的吸湿性更强。果糖的甜度是常见糖中最高的，甜度是蔗糖的 1.1～1.5 倍，而葡萄糖的甜度约为蔗糖的 0.74 倍，比果糖要低得多。葡萄糖和果糖的甜味具有爽快的口感，很适合食用。葡萄糖在高温下可以发生颜色的变化，生成深褐色的焦糖色素。焦糖色素常用作酱油、醋和某些菜肴的增色剂。

甜蜜素是当今发达国家在各类食物中大量使用的一种甜味剂。美国于 20 世纪 40 年代首先研制出甜蜜素，甜蜜素的成分是环己基氨基磺酸钠。甜蜜素属于低热值的甜味剂，其甜味好、甜度高，既有蔗糖风味，又比蔗糖甜度高 50 倍。甜蜜素的水溶性很好，易溶解于水，溶解后其液体呈中性。它具有性能稳定、耐热、耐酸碱、不吸潮、无色无味、清澈透明等优点，可用于烹饪中的烧、煮、煎、炸及腌制原料，还可以用于制作各种饮料、甜面点、蜜汁菜肴及糖尿病患者的食物。用甜蜜素制成的食物长时间直接与空气接触无回潮吸湿现象。甜蜜素使用时与水以 1∶500 配合就有足够的甜度。甜蜜素单独使用时，其甜度为蔗糖的 50 倍，一般适用参考量为蔗糖的 1/50。甜蜜素与蔗糖配合使用时，因甜味的相乘作用，其甜度可达蔗糖的 80 倍以上。

三、酸味

酸味是舌黏膜受到氢离子刺激而引起的感觉。所以凡在溶液中能电离出氢离子的物质都是酸味物质。常见食物的 pH 大多为 5～6.5，人唾液的 pH 为 6.7～6.9，两者大体接近，所以不会觉得有味感。只有当食物的 pH 在 5 以下时，才会产生酸感，若在 3 以下，就有强烈的酸味感。酸味具有较强的去腥解腻的作用，并且是烹制禽、畜内脏和各种水产品的常用品。酸味剂的品种繁多。根据对象不同，可将其分为有机酸味剂和无机酸味剂两大类。有机酸味剂包括有机酸及其盐类；无机酸味剂是某些无机酸和无机酸盐类。

食物中常见的有机酸有乙酸、柠檬酸、乳酸、苹果酸、酒石酸、富马酸、琥珀酸、抗坏血酸、葡萄糖酸等。

对于酸味的机制，有人认为是由酸味剂的质子与构成味蕾的磷脂头部相互作用引起的兴奋，通过神经传输到神经中枢而得到的一种感觉。酸味的定味基为质子 H^+，助味基为酸味剂 HA 的共轭碱离子 A^-。定味基提供反应的质子，助味基通过与磷脂的疏水亲和作用降低磷脂的正电荷，从而有利于质子的进攻，继而提高味蕾感受器的兴奋程度，使酸味感增强。酸味剂分子根据羟基、羧基、氨基的有无，数目的多少，在分子结构中所处的位置不同，从而产生不同的风味。酸味剂不仅有酸味，有时还带有苦味、涩味等。例如，柠檬酸、抗坏血酸、葡萄糖酸有缓和回润的酸味；苹果酸稍带有苦涩味；盐酸、磷酸、乳酸、酒石酸稍带有涩味；乙酸、丙酸稍带有刺激臭味；琥珀酸、谷氨酸带有鲜味。酸味与甜味、咸味、苦味等味觉直接可以互相影响。甜味与酸味易互相抵消，酸味与咸味、酸味与苦味难以抵消。酸味与某些苦味物质或收敛性物质如单宁混合，能使酸味增强。

食醋的味酸而醇厚，浓香而柔和。它是烹饪中常用的一种调味原料。在常见的烹饪酸味调料中，食醋的用量最大，用法最多。现代人随年龄的增长，其对菜肴的色、香、味及其营养的要求会提高，菜肴的色、香、味不仅使人在感官上得到真正享受，还直接影响到食物的消化吸收，其中食醋扮演了一个十分重要的角色。

柠檬酸是无色透明晶体，易溶于水和乙醇，在 20℃的水中溶解度可达到 100%，在冷水中的溶解度大于热水。柠檬酸在果蔬中分布很广，酸味柔和优雅，入口即有酸感，后味持续时间较短。在制作拔丝类菜肴及一些水果类甜菜时，都因为原料中含有一定量的柠檬酸，菜肴的酸味爽快可口。柠檬酸在食品工业中应用更为普遍。

苹果酸为白色结晶，易溶于水，吸湿性强，无臭，存在于一切植物果实中，具有略带刺激性的爽快酸味感，略有苦涩味，但其后味持续时间长。苹果酸在烹饪行业中可用作甜酸点心的酸味剂，用其制成的糕点具有一种典型的果酸味，并且由于苹果酸的吸湿性很强，制成的糕点成品的表面不易因水分挥发而干燥开裂。在食品工业中用作果冻、饮料等的酸味剂，一般的用量为 0.05%～0.5%。

乳酸的化学名称为 α-羟基丙酸，因最初从酸奶中发现，故称为乳酸。在食物中添加适量的乳酸，酸味较乙酸柔和，有爽口的功能，对人体无害。另外，泡菜之所以有脆嫩的口感，就是因为乳酸菌体内缺少分解蛋白质的蛋白酶，因此，它不会消化植物组织细胞内的原生质，而只利用蔬菜渗出汁液中的糖分及氨基酸等可溶性物质作为乳酸菌繁殖、活动的营养来源，致使泡菜组织仍保持挺、脆的状态，并具有特殊的风味。在制作泡菜的过程中，由于乳酸的积累，泡菜汁中的 pH 可降至 4 以下。在这样的酸性环境下，分解蛋白质的腐败细菌和产生不良风味的丁酸菌的活动及繁殖会受到一定程度的抑制，从而起到防止杂菌的作用。

四、苦味

苦味是一种比较特殊的味，一般没有味觉价值。单纯的苦味尤其是较强烈的苦味通常是不受人们喜爱的，但是苦味在调味和生理上都有着重要作用。许多食物有苦味。例如，茶、咖啡和可乐饮料中的苦味物质是咖啡因；可乐饮料和巧克力中的是可可碱；柚子或者葡萄果皮中的是柚皮苷；啤酒中的是酒花葎草酮类；苦瓜中的是苦瓜苷；苦杏仁中的是苦杏仁苷；莲子中的是莲心碱、异莲心碱等。

日本学者认为，苦味是危险性食物的信息，这种说法不无道理。因为凡是过于苦的食物，人们都有拒食的倾向。苦味感受最初是动物在长期进化过程中形成的一种自我保护机制，因为多数天然的恶臭和苦味物质都含有毒性，特别是腐败和未成熟的食物。例如，在日常生活中遇到的由发霉食物产生的各种苦而有毒的霉素；蛋白质和氨基酸被细菌分解生成又臭又苦又有毒性的腐胺、尸胺、酪胺或者色胺；鲜肉发生腐败时，其中的5′-核苷酸降解为有苦味的次黄嘌呤；油脂氧化后生成多羟基化合物及胆碱等苦味物质；烧焦的食物中含有致癌并带有苦味的苯并芘。所以动物往往会本能地厌弃有恶臭和苦味的食物。但是这种本能反应现在却妨碍了人们的判断，有些味苦的物质不仅没有毒，反而对身体有益，多数苦味剂都具有药理功能。黄瓜瓜蒂部位的苦味源于葫芦素，日本人认为该成分有抗癌作用。

生物碱类是植物界广泛存在的含氮碱性化合物，大多数都具有含氮的杂环。植物来源的苦味物质以生物碱类为最多，如茶碱、咖啡碱、可可碱，它们都属于嘌呤的衍生物。具有极苦味的盐酸奎宁是热带植物金鸡纳树皮中的生物碱，故又名金鸡纳碱。还有大家熟知的烟草中的尼古丁等，都属于人们常识范围内的生物碱。生物碱类不仅有苦味，还很容易成瘾，著名毒品罂粟碱（鸦片主要成分）就是一个典型。

糖苷类是许多果蔬表皮和水果核仁中常见的苦味物质。例如，存在于杏仁、银杏白果中的苦杏仁苷就是最常见的品种。苦杏仁苷有明显的止咳平喘功效，但因其中氰基部分有毒，所以白果、苦杏仁等不宜多吃。

五、鲜味

鲜味可增强菜肴的鲜美口味，使无味或味淡的原料增加滋味，同时还具有刺激人的食欲、抑制不良气味的作用。膳食中以肉类、鱼类、可食性菌类及新鲜蔬菜为原料烹制成的菜肴，其鲜味来源是它们的物质组成中含有不同数量、不同种类的鲜味成分。能够呈现鲜味的物质很多，大体可分为三类，即氨基酸类、核苷酸类和有机酸类。主要的鲜味成分有L-谷氨酸钠、5′-肌苷酸钠、5′-鸟苷酸钠、L-半胱酸硫代磺酸钠、L-天冬氨酸、琥珀酸、口蘑氨酸等。

各种氨基酸有其独特的风味。例如，丙氨酸增强腌制品风味，甘氨酸有虾及墨鱼味，甲硫氨酸有海胆味。氨基酸的鲜味与构型有密切的关系。最适于利用的呈鲜味氨基酸是5个碳的谷氨酸，只有L型的具有增强鲜味的性质，而D型的则没有鲜味。离子形式也很重要，一钠型具有呈鲜味性质，而其他离子形式几乎不具有活性，即谷氨酸一钠是L-谷氨酸呈现鲜味的唯一形式。味精的主要成分就是L-谷氨酸一钠。

核苷酸中的肌苷酸和鸟苷酸都具有强鲜味。动物性原料的肌肉（如畜肉、禽肉、鱼肉等），在成熟过程中，核苷酸降解产生肌苷酸，使这些肉类食品富有鲜味，但肉类如果存放时间过长，肌苷酸会继续降解为无味的肌苷，最后分解成有苦味的次黄嘌呤，使鲜味大大降低。植物性原料（如竹笋、莴苣、豆芽、蘑菇、香菇等）中富含鸟苷酸，使这些蔬菜和食用菌呈现特殊的鲜味。呈味的核苷酸在烹调中具有突出主味、倍增鲜味、改善风味、排除和抑制异味等作用。

琥珀酸也是一种鲜味剂。它在鸟、兽类及鱼类中均有少量存在，但以贝类中的含量为最多，是贝类鲜味形成的主要成分。此外，在用微生物酿制的调味料中，如酱、酱油、黄酒中也有一定的含量。琥珀酸使得贝类菜肴产生了独特的鲜味。琥珀酸的特点是在有食盐存在的情况下，溶解度减小。这就是在烹制贝类海鲜时，应先使贝类中的琥珀酸慢慢溶解进入汤汁，然后再后期添加食盐的道理。

六、辣味

严格来说，辣味不是真正的味。因为辣味并不是通过味觉感受器所感觉到的一种味。辣味是人体任何部位所产生的一种刺激感或刺痛感，应该属于触觉范畴。辣味与人类脑部对辣椒类香辛料的感觉反应有关。辣椒类的辛辣成分一接触到舌和口腔中的味觉神经末梢，神经末梢中的传递物质会将这种火烧般的刺激和疼痛的信息迅速传递到脑部。脑部的直接反应是身体受了伤，为了免除外来物质的进一步侵袭则不断释放出一种称为内啡肽的物质。与此相对应，全身处于戒备状态：心跳加速、口腔内分泌物增多、呼吸频率加快、肠胃道蠕动加剧、全身出汗、血液循环加快。内啡肽是一种天然止痛剂，由于辣椒不会对身体造成任何伤害，因此，不断释放出内啡肽后会使人感到轻松兴奋，产生食用辣椒后的快感。辣味食材所含辣味成分不同而使各种感觉不同，大致分成热辣（火辣）味物质、辛辣（芳香辣）味物质和刺激辣味物质。主要辣味成分和特点见表 4-3。

表 4-3　主要辣味成分和特点

类别	辣味物	主要辣味成分	类别	辣味物	主要辣味成分
热辣味	辣椒	类辣椒素，少量含饱和直链羧酸的二氢辣椒素	刺激辣味	蒜	蒜素、二烯丙基二硫化物、丙基烯丙基二硫化物
	胡椒	主要是胡椒碱和少量类辣椒素		洋葱	二丙基二硫化物、甲基丙基二硫化物
	花椒	花椒素和少量异硫氰酸烯丙酯			
辛辣味	新鲜姜	邻甲氧基酚基烷基酮，最具活性的为 6-姜醇		韭菜	二丙基二硫化物、甲基丙基二硫化物
	干姜	姜酚类化合物			
	肉豆蔻丁香	丁香酚和异丁香酚			

七、其他味

（一）涩味

涩味是作用于口腔黏膜尤其是舌黏膜，引起黏膜蛋白质凝固而产生的一种收敛性感觉。典型的食物模型是未成熟的柿子。许多未成熟的水果和某些蔬菜（菠菜、竹笋等）带有涩味感。无机物中的明矾是典型的涩味物质。最突出的涩味成分是单宁和草酸。例如，黄瓜皮的涩味源于单宁，菠菜中的涩味来自于乙二酸（草酸）。

（二）清凉味

典型的清凉味是薄荷风味，包括留兰香和冬青油风味。很多化合物都能产生清凉感，

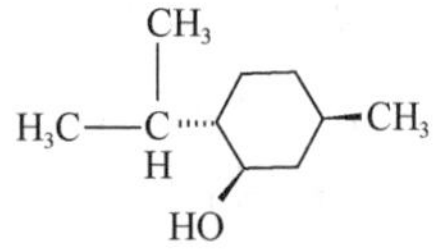

图 4-3 L- 薄荷醇的结构

常见的有 L- 薄荷醇、D- 樟脑等。图 4-3 是 L- 薄荷醇的结构。木糖醇等多羟基甜味剂所产生的轻微清凉感，通常被认为是由其结晶吸热溶解而产生的。

（三）金属味

由于容器、工具、机械的金属部分与食物接触，可能存在着离子交换，使人的味觉产生一种金属味感。在人的舌头和口腔表面，也确实有很多部位能感知金属味，金属味的感知阈值为 20～30mg/kg 离子浓度。

八、味与味之间的关系

（一）咸味与甜味

咸味与甜味之间存在着相互减弱的现象，这是味的相消现象。但是在大量的甜味料中添加极少量的食盐，却能够增加其甜味，这是味的对比现象。在甜味料中加入较多的食盐后，只能减弱甜味。对于咸味来说，随着食糖在添加量上的增加，咸味的强度变得越来越小。

（二）咸味与酸味

在具有咸味的溶液中加入微量的食醋，可使咸味增加。例如，在 1.2% 的食盐溶液中加入 0.01% 的乙酸，在 10%～20% 的食盐溶液中加入 0.1% 的乙酸，均可使咸味增强。当咸味溶液中加入的乙酸过量时，则又使咸味减弱。例如，在 1%～2% 的食盐溶液中加入乙酸含量在 0.05% 以上（pH 在 3.4 以下）或在 10%～20% 的食盐溶液中加入乙酸量在 0.3% 以上（pH 在 3 以下）时，均可使咸味有所减弱。

（三）咸味与苦味

在苦味溶液中加入咸味物质可使苦味减弱。例如，在 0.05% 的咖啡因溶液中加入食盐，随着加入食盐量的增加，苦味减弱；而当加入的食盐超过 2% 时，则咸味增强。

（四）咸味与鲜味

咸味因添加谷氨酸钠而减弱；谷氨酸钠的鲜味因添加食盐而加强。这时的食盐实际上起着一种助鲜剂的作用。在口味清淡的菜肴中，食盐的添加量以 0.8%～1.2% 为宜，而味精的添加量则以 0.28%～0.38% 为好。口味浓厚的菜肴中食盐的添加量以 1.4%～1.8% 为宜，而此时味精的添加量则以 0.18%～0.26% 为好。

（五）咸味与辣味

咸味可以使辣味在一定程度上有所减弱。在调味实践中，咸味有着控制辣味的作用。在辣味中加入少量的食盐，则可使辣味显得不那么单一。

（六）甜味与酸味

甜味料用 5%、10%、25%、50% 的蔗糖溶液，酸味料用 0.01%、0.1%、0.3%、0.5% 的乙酸溶液，二者之间的关系如下：甜味因添加少量乙酸而减少。添加量越大，甜味越小。酸味因蔗糖的添加而减少。添加量越大，酸味越小，但不是量化关系。在 0.1% 乙酸溶液中添加 5%～10% 蔗糖，酸甜味合适，口感较为满意，此浓度与菜肴制作时常有的糖醋汁浓度大致相同。

（七）甜味与苦味

大多数情况下，在甜味料中加入苦味的咖啡因，随着咖啡因的添加，甜味减小。但是在大量的甜味料中添加极少量的苦味物质，却能够增加其甜味；苦味中添加甜味，会有抑制的效果，使苦味变得柔和。在苦味的咖啡因中添加甜味的蔗糖溶液，其苦味随着食糖的添加而逐渐减少。

（八）甜味与鲜味

南方厨师在烹制菜肴时，喜欢加适量的糖，即提鲜。所以在咸味剂存在的前提下，加少量的甜味剂，可形成浓郁的鲜味感。

（九）酸味与苦味

在酸味中加入少量苦味物质或单宁等涩味物质，可使酸味增强。

（十）酸味与鲜味

酸味能使鲜味减弱；同样鲜味也能使酸味缓和。以食醋为主的酸味剂，当温度升高时，酸味强烈，特别是以油脂为传热介质时，温度过高会造成乙酸分子挥发，同时造成食物原料中的腥膻成分因整体分压下降而随同挥发，所以，厨师多用食醋去腥解腻。

（十一）鲜味与其他味的关系

任何菜肴或点心，呈单一鲜味的情况不存在，鲜味都只是复合味的一种成分。在实践中，鲜味对咸味、酸味和苦味都有减弱缓和的作用；鲜味对甜味的影响比较复杂。

（十二）苦味与其他味的关系

一般情况下，人们对苦味物质都有抗食心理，但有些人受生活习惯和心理嗜好的影响，喜欢某些苦味食品如茶叶、咖啡、啤酒等。但很少用单一的苦味作菜肴，而是与其他原料组配形成复合味，如青椒、苦瓜。

第三节　发酵形成的味

传统上作为人类食品的植物和动物，均会被无所不在的微生物所利用，导致部分食物的被毒化或外观的改变等食材的腐败变质，使人们不敢再食用。但人们发现在某些条件下，被微生物污染的食物的味道更鲜美。在人们尚不了解微生物就是引起食品腐败变质的原因时，就已经生产出了豆豉、酱类、酒、酸乳、干酪和腌酸菜等发酵食品。

一、豆腐乳形成的味

豆腐乳作为我国著名的特产发酵食品之一，各地都有不同特色的产品。豆腐乳是以大豆和溶剂法脱脂大豆为主要原料，经过磨碎溶出蛋白质，分离除去豆渣，煮浆除异味增香和使蛋白质变性，点浆使蛋白质凝固析出，再经压榨、冷却、发酵等工序制作而成。豆腐乳的酸味源于发酵过程中生成的乳酸、琥珀酸等。甜味来自于淀粉酶水解物和脂肪酶水解生成的甘油。鲜味主要来自于氨基酸和核酸类物质的钠盐。前发酵豆腐坯的蛋白质经霉菌的蛋白酶、肽酶水解成氨基酸，谷氨酸钠是鲜味的主要成分。另外，多种微生物细胞中的核酸经核酸酶水解生成核苷酸，发挥了增鲜作用。前发酵时毛霉生长均匀，且不老不嫩，才能形成完整坚韧的皮膜，并能产生适量的蛋白酶，使后发酵时蛋白质分解恰到好处，使腐乳的体态不软不硬、细腻可口。

二、食醋形成的味

食醋自古以来就是我国人民生活中的常用调料，醋对人体健康大有好处，可刺激胃酸分泌，促进食欲，帮助消化，消灭病菌。食醋的酸味主要来自乙酸，味酸而醇厚，液香而柔和。食醋除具有调和菜肴紫色外，还有增加菜肴香味、去除异味的作用；能减少原料中维生素C的损失，促进原料中钙、磷、铁等矿物成分的溶解，提供菜肴的营养价值和人体的吸收利用率；能够调节和刺激人的食欲，促进消化液的分泌，有助于食物的消化吸收，能使肉质软化。

三、酱类形成的味

酱是以豆类和面为原料，利用米曲酶为主的种曲将豆类和面制成曲，再经发酵，加盐水制成的半固体状调味料。酱油有酱香和脂香气，味鲜美醇厚，有调味、提色、增鲜的作用。一般来说，酱类含有0.1%～0.6%的乙醇、0.1～15mg/kg的高碳醇。酱中酯类丰富，主要有乙酸乙酯、乙酸丁酯、乙酸异戊酯、己酸乙酯、乳酸乙酯等。浓厚的酱香来自于酯类与醇类的增加。酱的粗脂肪是脂类香气的基础性关键原料。酱含有多种有机酸，在熟化过程中，棕榈酸和C_{18}不饱和脂肪酸会生成乙酯，这对酱的香气品味具有重要作用。酱类含有一定的糖分，特别是甜面酱，其甜味与咸味复合构成了口感特征。

以黄酱、豆酱、豆瓣酱或豆豉为基础，加以其他一种或多种辅料，经混合熟制所产生的酱体，叫做复合酱。一些具有多种香配料的酱在脂、酱香中还混合着更多的芳香气味，一些用动植物浸出物所配制的酱，其鲜味更为醇厚而复杂，因此大多数这类酱可直接参与对菜肴的调味和汁兑卤，在长时加热菜肴中则应适当后期投入，以保证纯正的风味。

四、蔬菜发酵形成的味

发酵蔬菜的风味成分主要产生于发酵过程中微生物的代谢，通常采用加热香辛料来生产有特殊风味的发酵蔬菜，蒜、姜等是最常用的香辛料。有些香辛料已经成为经典方法，如酸黄瓜中的香叶，四川泡菜的花椒、整个辣椒，朝鲜泡菜中的大量红辣椒面、鲜洋葱、生姜和蒜等。另外，四川泡菜使用白酒，朝鲜泡菜使用牡蛎、墨鱼、虾酱汁等海鲜制品，都是风味特色的根源之一。泡菜的作料包括食盐、糖类、酒类和红辣椒，香辛料有香草、胡椒、草果、大料、丁香、小茴香、桂皮、橘皮等。为使泡菜有一定的脆性，可使用高硬度水或加入0.05%氯化钙浸泡。

第四节　调料形成的味

原料加热前的调味属于基本调味，是指原料在正式加热前，用调料采用腌渍等方法对其调味，主要利用调料中呈味物质的渗透作用，使原料表面有一个基本的味型。尤其对于一些在加热过程中无法继续调味的菜肴，加热之前的调味就特别重要，因为它直接决定了菜肴的口味质量。例如，一些油炸的菜肴是无法在加热时进行调味的，通常的做法是预先进行调味。一些蒸、煮和熏的菜肴，在加热时同样无法调味，菜肴的口味完全依靠事先调味。

一、盐的调味功能及应用

烹起源于火的利用，调起源于盐的利用。自使用盐以后，人们又发现了很多单一调味原料，也发明了不少复合调味品，但它们始终不能够代替盐在烹饪中的调味作用，盐被称为“五味之王”“百味之首”。煮、炖食物的食盐浓度一般控制在1.5%～2%。菜肴中许多其他味的产生也必须有食盐的参与才能形成。例如，鲜味的呈现就不能缺少食盐的参与。在没有食盐存在的情况下，味精的鲜味是不能完美体现的，所以食盐是味精的助鲜剂。酸甜味的菜肴必须要用少许食盐进行调味，否则单纯酸甜口味的菜肴在口感上是不完美的。烹调时用盐还应适时。在用动物性原料制汤时，放盐不宜过早，因为食盐能使蛋白质凝固速度过快，使蛋白质不易溶于汤中，因而汤汁不鲜不浓；在炒叶菜类蔬菜时，如果加盐过早，食盐的高渗透压会使细胞中的水分大量渗出，使原料发生皱缩，组织发紧，影响外观和风味；炒茎菜类蔬菜时，则宜早放盐，可使水分溢出、滋味渗透，并能保持其脆、嫩等特点。

盐可以用于烹调加热前的短暂腌渍，主要是给一些整只或料型较大的原料，以及在加热过程中不宜调味的原料（炸、烤）赋予基本味。腌渍过程就是利用盐的渗透作用，使原料中的水分脱出，盐及其他调味原料渗入原料内部，使原料入味。短暂腌渍是菜品调味工艺的一个组成部分，起直接调味的功能，如清蒸鱼、炸鸡腿、煎猪排等。盐也可以用于动物性原料的洗涤。有许多动物性原料或原料的内脏器官，其体表都带有一定的黏液，这些黏液不但不利于切配烹调，而且带有较浓的腥臊气味，在烹调前必须将其去除干净。而这些黏液用清水很难洗净，如加入一定量的食盐则容易去除干净。因为盐具有高度渗透作用，可使肠、肚、鳝鱼等体表胶原蛋白改变颜色并收缩，使胶原蛋白与肠、肚壁脱离，达到除污、去异味的作用。

上浆工艺离不开盐，在切割好的动物性原料中加入一定量的盐搅拌，直至原料黏稠有劲。这一过程实际是保持水量的一种手段，可使原料中的盐溶性肌蛋白在食盐的作用下经不断地搅拌而被游离出来，从而增加蛋白质水化层的厚度，提高蛋白质的亲水能力。同时加盐搅拌还增加了蛋白质表面的电荷，提高蛋白质的持水能力，并使肌肉中的部分蛋白质游离出来，具有黏稠性，使肌肉更加柔嫩。此外，可以使原料有一个基本味。因为上浆的原料一般适宜于爆炒等旺火速成的烹调方法，调味使用的主要是包裹法，外面的调味原料很难渗透到原料的内部，经过上浆加盐后，使原料内部有了一个基本的咸味，与外层的调味料达到了味觉的平衡，否则会出现外咸内淡的口味差异。此外，加盐上浆后的原料有一定的黏度，增加了对淀粉的吸附能力，使原料炒制后外表更加光滑、红亮。

绝大多数菜肴的调味都离不开盐，从凉拌冷菜到爆、炒、烧、煮、炖、焖的菜肴，特别是一些白汁的菜品，几乎无盐不成菜，归纳起来有以下三个调味特性。

1. 协调性

盐的加入可使鲜味更加突出。盐与鲜味有相互协调的作用，可使糖醋味、茄汁味、果汁味等甜酸型的菜品口味协调可口，如果甜酸味型的菜品不投放少量的盐，无论酸味和甜味如何配比，都无法达到纯正、和谐的风味。

2. 补充性

红烧、酱一类的菜品，虽然在烧制或炒制过程中添加了带有咸味的酱油、酱料等调味品，但它们都是有色泽的调味原料，受到菜品色泽要求的限制，有时会出现色泽正好但咸味不足或咸味正好而色泽过深的矛盾。为此，红烧的菜品，在加入酱油后，一般要用盐进行补充调味，使成品的色泽、口味达到和谐统一。油炸、油煎的菜品调味属于烹前调味，而油炸、油煎的菜品在调味时一般用“半量”的方法控制调料的用量，因为一次调味过多则以后无法弥补，而味道不足还可用佐味碟的形式加以补充。盐就是常用的佐味调料之一。

3. 定味性

酱油、醋、味精、辣椒等调味原料虽然都有调味作用，但它们都不能单独进行调味，必须与其他调味原料一起进行调配后才能形成各自的风味，也就是说它们不能独立给菜品定位。盐和糖具有独立定味的功能，盐可与原料本身的鲜味形成纯正的咸鲜味，而不需要添加其他调料。例如，清炖鸡、清炖鸭等一些清汁的炖焖菜品，它们本身的汤汁就具有很强的鲜味，只要添加盐便可形成菜品的风味，无需再添加味精、鸡精等鲜味剂。

二、醋的调味功能及应用

醋的挥发性很强，利用这一特性可将带有异味的成分从原料中挥发出来，同时也可将自身的香味与原料特有的香味一起散发出来，达到去腥增香的效果。醋不仅在烹调中具有烹调作用，同时也是一种良好的软化剂。它可使牛肉、鸡肉等动物性原料的质地软化，加快成熟酥烂的时间，既可以在加热前用醋腌渍一下，也可在加热过程中添加少量的醋，使肌肉纤维软化而变得容易成熟。除了鸡、鸭、鹅、牛肉等动物性原料外，醋对一些植物性原料也有软化作用。例如，海带经清水浸泡后会变得坚硬，食用时不利于消化，这是因为海带里含有藻阮酸。要使海带变软和易消化，可在浸泡海带的清水中放些醋，使藻酸溶解，使海带变软后再煮食。但加醋之后，注意不能使海带浸泡过久，以防过分软化。另外，烧芋头时加醋，芋头也容易酥烂。

烹制蔬菜、瓜果时，加入少量醋，能较长时间地保持菜肴脆嫩的口感。因为蔬菜细胞间含有大量原果胶，不溶于水，具有很强的黏着力，与纤维素结合使细胞黏结，故新鲜的蔬菜组织硬实、挺拔。但蔬菜在贮存或烹煮后，原果胶逐渐转化为可溶性的果胶或果胶酸，会使蔬菜变软，所以果胶物质含量大的蔬菜，如胡萝卜（8%～10%）、圆白菜（5%～7.5%）、土豆（2.5%）等，在烹调中需要加热一定时间后才能使原果胶物质转化成果胶或果胶酸，使组织变软，失去脆性。而酸可抑制原果胶转化成果胶或果胶酸，因此烹制质地软绵的菜肴，应先加热至软化后，再加醋调味。而烹制脆嫩菜肴时，如炒圆白菜、土豆丝等，在烹调一开始就加入醋，或烹调前用加醋的水浸泡原料，可避免或减少果胶物质转化成果胶和果胶酸，使菜肴质地脆嫩、清爽利口。

三、蔗糖的调味功能及应用

蔗糖在腌渍中的原理与盐一样，主要是提高外部溶液的渗透压，一方面使原料内部的部分水分通过细胞膜向外部渗透，而细胞内的蛋白质因分子很大，不能透过半透膜，而外部调味品因分子小，可以通过半透膜向原料内部扩散，使原料内外的渗透压逐渐趋于平衡。腌制的时间越长，调味品向原料扩散的量就越多，调味品在原料内部的分布就越均匀。

蔗糖是几种常见的单一调味品中定味性最强的。糖非常容易被人们接受，虽然人们在复合味中的调味喜好不一，但单纯的甜味，绝大部分都是喜好的，这为糖的调味提供了很大的空间。糖可以参与各种复合味的调味，既可以浓甜味、淡甜味的形式出现，也可以提鲜为主而不是甜味的形式出现；既可用于凉拌、热炒、红烧、汤羹，也可直接撒在菜点的外层或蘸食。

四、酒、葱、姜、蒜的调味功能及应用

腌制原料以盐或糖作为功能性调味料，葱、姜则是重要的辅助调味料。例如，腌制鱼类时，若加上葱、姜等调料，葱、姜中的姜酮、二硫化二丙烯等物质便会渗透到原料内部。当烹调腌鱼时，它们便挥发出来，与鱼香混合，形成一种特有的香气。肉类原料腌制时加入适量的黄酒，酒中具有香气的酯类扩散到肉中，使肉的风味更加鲜美，酒中的乙醇也会与脂肪中的脂肪酸结合，生成有香气的酯类物质，料酒还可以使肥膘肉减少油腻感。

葱、姜、蒜都有特殊的辛辣气味，除了能刺激口腔黏膜外，还具有挥发性。它能同原料中的异味成分一起挥发，起到除臭作用。同时，还能与原料中的异味成分起化学反应，并将异味变为香味。料酒中含有乙醇、酯类等成分，特别是乙醇，可以促进异味的挥发，同时还能与异味的酸性成分发生反应，并形成具有香气的酯类。许多水产原料存放时间稍长后，通常会产生明显的腥臭味。产生腥臭味的主要成分是氨、三甲胺、硫化铵、甲硫醇等。这些成分都不稳定，当与葱、姜、料酒一起加热后，便挥发和分解。

葱、姜、蒜、料酒虽然是辅助型调味料，但它在菜品制作中也能形成独特的风味特色。在以盐、糖作为基本调料的同时，可以突出葱香味、蒜香味、姜香味、酒香味而形成菜品的风格。例如，葱油味就是突出葱香的味型之一，将葱用油熬制成葱油，用它作为烹调的明油，适用于葱烧、葱炒、葱爆等热菜，也可直接用于凉拌菜品，使之成菜后的葱香味更为突出。蒜香味一般以凉拌为主，如蒜泥白肉、蒜泥鱼片等，当用于热菜时不宜加热时间太长，用油煸香后即可，以突出香辣味。

第五节　烹调过程形成的味

大部分菜肴都是加热过程中进行调味的，从而确定菜肴的口味。大部分的菜肴都是复合味型，在调味时首先要确定味的类型，接下来就是投量的多少。在热力的作用下，调料中的呈味物质渗入原料内部。水烹过程中的调味，调料必须先分散到汤汁中，再通过原料与汤汁的物质交换，使原料入味。热渗调味需要一定的加热时间，一般加热时间越长，原料入味就越充分。

加热可以挖掘原料中的美味，是因为在加热过程中，原料会产生各种不同的变化。这些变化会改变原料的物质结构和化学成分，因而使原料产生各种不同的滋味。

一、味的形成原理

（一）分散作用

分散作用包括吸水、膨胀、分裂和溶解等。通过分散作用，原料的体积和质地起了

明显的变化，同时口味上与加热之前也有了不同。水烹菜肴时，需要利用水的对流来分散调料，所以常以搅拌和提高水温的方法作辅助。例如，淀粉类的原料经过加热后会出现糊化，糊化后的淀粉更加可口，更有利于人体的消化吸收。

溶解是调味过程中最常见的物理现象，呈味物质或溶于水或溶于油，是一切味觉产生的基础。有了溶解过程就必然有扩散过程。所谓扩散就是溶解了的物质在溶液体系中均匀分布的过程。溶解扩散作用有时也被用来去除原料中的不良味感。常用的方法——焯水，可以去除原料异味和苦涩味。扩散作用与浓度差、扩散系数、扩散面积和扩散时间密切相关。

1. 浓度差

浓度差是扩散的动力，如果体系内各点的浓度相同，就不会出现扩散现象，所以要想使调味料进入原料的内部，需要增大与原料的浓度差，加大扩散量，因为扩散量与浓度差成正比。特别是一些色泽较浅、口味淡薄的原料，要通过添加调味料的用量或选择味浓色深的调味料进行调味，达到增色、入味的目的。

2. 扩散系数

物质的扩散量与扩散系数成正比，而扩散系数的大小又与体系的聚集状态、温度、压力及物质的性质等因素有关。据研究表明，扩散系数与热力学温度（T）的 3/2 次方成正比，所以，温度升高，香气增浓，反之温度降低，其香气也随之减弱。温度每增加 1℃，各种物质在溶液中的扩散系数平均增加 2.6%，加热可以加快入味的速度。扩散系数还与呈香物质的相对分子质量有关，相对分子质量越小，扩散系数就越大。在调味品中，盐、醋的扩散速度比糖和味精要大。

3. 扩散面积

物质的扩散量与其在扩散方向上的二面角成正比，原料越大越厚，其单位质量物质所具有的表面积越小，调味入味的难度就越大。同时在操作过程中，翻拌、搅动要均匀，以确保原料受热均匀，使调味能均匀地与原料接触，会出现部分地方风味过浓而部分地方风味过淡的现象，使制品的色泽和风味达不到均匀一致性的要求。

4. 扩散时间

扩散所需的时间一般与温度和料型有关。温度高则分子运动的速度较快，完成一定扩散量所需的时间较短，温度低则扩散时间长。例如，冷菜中常用的肉，如果在夏天腌制一般 2～3 天即可使用，而在冬天则需要 7～9 天，才能达到色红、肉香、味咸的效果，原因就是腌制剂分子在低温下的原料内部扩散的速度较慢。另外，原料的性质与扩散时间也有关系，原料形状越大，所需扩散时间越长。例如，腌制整鱼、整只猪腿肉时，必须经过很长时间，才能使调味剂扩散到原料的内部，并使浓度均匀化。如果原料内部调味剂的浓度达不到均匀化程度，腌制品的味道和质量也就达不到优质的要求。

（二）渗透作用

渗透作用，即呈味物质通过渗透作用进入原料内部，同时食物原料细胞内部的水分透过细胞膜流出组织表面，这两种作用同时发生，直到平衡为止。在蔬菜或鱼、肉等烹调中添加食盐后，原料中的水分很快就从细胞里往外流，这就是渗透作用。这一现象与扩散很类似，只不过扩散的物质是溶质的分子或微粒，而渗透现象的物质是溶剂分子。

动植物体的细胞不仅能让水分子从细胞膜中渗透出来，还能让一些小分子物质通过，但是后者通过细胞膜的速度比较缓慢。调味的目的不是让水分渗出，而是让调味物质进入原料内部，但水分如果不渗出，组织细胞就有活性，对调味剂的进入就具有较大的阻力。例如，蔬菜的腌制，在腌制初期，蔬菜的细胞是有生命的，细胞膜就是半透膜，由于细胞液的浓度低于外界盐液的浓度，所以水分向外渗透。蔬菜因失水使细胞死亡后，细胞膜失去阻止溶质通过的性质，这时盐、糖等腌制剂就向蔬菜细胞内扩散，达到调味的目的。

渗透作用的动力是渗透压，渗透液的渗透压越高，调料中的呈味物质分子向原料内部的渗透作用越强，调味效果越好。物质溶液渗透压的大小与该物质的浓度和温度成正比，所以在调味时，要掌握好调味料的浓度、调味时的温度和时间。

（三）吸附作用

吸附是指某些物质的分子、原子或离子在适当的距离以内附着在另一种固体或液体表面的现象。烹调中的吸附现象存在着两种类型：一类是物理吸附，另一类是化学吸附。物理吸附是在范德瓦耳斯半径之内，因范德瓦耳斯力而产生的吸附现象，如活性炭既可以吸附食物中的异味物质，也可以吸附原料中的香味物质，而且吸附过程是可逆的。化学吸附是固体表面的某些基团和被吸附物的分子之间能够形成次级化学键（离子键、酯键、二硫键、氢键等）而产生的，化学吸附的稳定性高于物理吸附，无论是化学吸附还是物理吸附，吸附作用的强弱与物质的表面状态有密切的关系。

常见的吸附现象是固体表面吸附气体或吸附剂溶解后扩散，使调料中的香气和口味被烹饪原料吸附。在烧羊肉时，要放一点萝卜与其同煮，目的是让萝卜吸附一部分腥膻气味，减弱羊肉的不良异味。在焯水处理时，要将异味中的原料与清淡的原料分开进行焯水，目的是避免清淡的原料吸附不良的异味物质。烹饪原料对风味物质吸附量的多少，影响到菜品的质量，而吸附量又与吸附剂的浓度、扩散速度、原料形态、结构等有直接关系。

1．风味物质的浓度

根据菲克定律，风味物质的浓度越大，扩散到原料表面的风味物质就越多，烹饪原料就有可能吸附更多的风味物质。

2．扩散与对流传质的速度

烹饪原料吸附风味物质之后，原料周围风味物质的浓度就会下降。如果风味物质扩散或对流传质的速度快，就能迅速恢复原料周围风味物质的浓度，以保证原料进一步吸附风味物质。

3．原料的形状、结构与成分

烹饪原料切得越薄，单位质量所具有的表面积就越大，吸附的风味物质也就越多。同时，如果原料内部结构有大量的毛细管道，吸附能力就比较强，反之如果组织结构紧密，吸附能力就较弱。此外，如果原料含有大量的亲水性极性基团，就能吸附比较多的极性物质。

4．吸附的时间

无论是扩散还是吸附，进行的速度都是缓慢的，因此许多香郁味浓的菜肴，由于要吸附大量的风味物质，都必须进行较长时间的烹制。

5．环境温度

环境温度高，能提供更多的能量，加快吸附的速度。特别是化学吸附，升高温度可提高活化能，便于原料的吸附。

（四）乳化作用

乳化作用是一种特殊的混合操作，包含粉碎和混合双重意义。它是将两种通常互不相溶的液体进行密切混合，使一种液体粉碎成小球滴后分散在另一种液体中，在烹调调味中起乳化作用。烹调中利用乳化作用来调味不仅表现在烹调加热过程中强烈的对流作用而形成的乳化现象，更加突出地表现在凉菜调味上。精于调味者往往在凉菜上席前才进行淋味，在淋味前，调味汁一般要进行剧烈的搅拌，其目的就是使上述的水相与油相发生乳化作用，待乳化充分时才淋汁上席。在乳化液中，对呈味物质的辨别差增大了，从而充分乳化的调味汁的味感更加醇浓，更加有回味。

（五）分解作用

一是在热或生物酶的作用下，原料和调味料中的某些成分分解生成其他化合物，而这些新生化合物有些属于呈味物质，这样烹调才能真正结合。例如，蛋白质水解生成肽和α-氨基酸，鲜味增强；淀粉水解产生麦芽糖，但本身无甜味，水解后产生部分麦芽糖和葡萄糖而略有甜味；腌渍能产生有机酸，产生酸味。二是在加热和酶的作用下，原料中的腥、膻等异味分解，客观上起到了调味作用，也改善了菜肴的风味。例如，肉类加热后都会有不同程度的鲜味，与加热前的腥臊形成明显的区别。

在一些使用了辛香调料的调味过程中，分解作用是很普遍的。葱、蒜在煮熟后失去辛辣味而产生甜味就是一个明显的例子，其中具有辛辣味的二硫化物在加热的条件下分解成硫醇，从而产生甜味。香菇中鲜味的产生也是这样，香菇中的鲜味前体核糖核酸在60～70℃条件下分解为鸟苷酸和核糖。

烹调中，当油脂加热后温度较高时，可使原料中的成分发生多种化学反应，并产生香味，同时，油脂本身在加热后会产生游离的脂肪酸和具有挥发性的醛、酮等化合物，从而使菜肴具有特殊的香味。原料的成分不同，受热后产生的香味也不同。例如，葡萄糖加热后产生呋喃、甲基呋喃和各种羰基化合物，淀粉加热后可生成有机酸、酚类、麦酚等多种香气成分。这些原料在油脂的高温作用下，不但反应速度快，而且反应的程度比在水中更加明显，生成的芳香气味更加突出。蛋白质中的氨基酸与油脂中的羰基发生羰氨反应，不但能使菜肴、糕点产生金黄色色泽，还会产生诱人的香味。油脂与蛋白质作用还可生成脂蛋白，使食品有特殊香味。

（六）合成作用

合成作用是指食物原料中的小分子质量的醇、醛、酮、酸和胺类化合物在加热条件下，相互之间起合成反应生成新的呈味物质，这种作用在原料和调味品之间也会进行。常见的合成反应有酯化、酰胺化、羰基加成、缩合等。合成产物有的会产生味觉效应，更多的是嗅觉效应。原料中的脂肪和水一起加热时，一部分水解为脂肪酸和甘油，特别是脂肪酸具有各种香鲜味，也是形成食物风味的重要原因。例如，在烹制鱼时加入料酒，料酒中的羰基化合物与鱼中胺类发生合成反应而生成氮代葡萄糖基胺，从而消除了鱼中某些不良味感。同样，在烹鱼时加入醋，使其与鱼体中呈碱性的胺发生中和反应，也可以消除异味。

（七）凝固作用

食物加热后一些水溶性蛋白质逐渐凝固，改变了原来的形态和质地，同时在味感上也相应发生变化。

二、烹饪中的调味方法

（一）腌渍调味法

将调料与菜肴主、配料拌和均匀，或者将菜肴主、配料浸泡在溶有调料的水中，经过一定时间使其入味的调味方法叫做腌渍调味法。在加热之前进行的常为码味。腌渍调味法包括拖蘸和渍汁两种，通常是指食盐、酱油等咸味调料的腌渍，也可以用蔗糖、蜂蜜或食醋等腌渍。根据腌渍时用水与否，还可将它分为干腌渍和湿腌渍两种形式。干腌渍是用抹、拌、揉的方法，使调料溶解并附着在原料表面，使其进味的方法，常用于码味和冷菜的调味。湿腌渍是将原料浸置于溶有调料的水中腌渍浸味的方法，常用于易碎原料的码味，以及一些冷菜的调味和某些热菜的入味。

（二）分散调味法

分散调味法是指将调料溶解并分散于汤汁状原料中的调味方法。此法广泛用于水烹菜肴的制作过程中，是烩菜、汤菜的主要调味手段，也是其他水烹类菜肴的辅助调味手段。水烹菜肴时，需要利用水的对流来分散调料，所以常以搅拌和提高水温的方法作辅助。此法还常用于泥茸原料的调味。泥茸原料一般会含大量的自由流动水，依靠水的对流难以分散调料，而必须采用搅拌的方法将调料和匀。有时，还要把固态调料事先溶解成溶液，再均匀拌和到泥茸状原料之中。

（三）热渗调味法

热渗调味法是指在热力的作用下，使调料中的呈味物质渗入原料内部的方法。此法常与分散调味法和自制调味法配合使用。水烹过程中的调味，调料必须先分散在汤汁中，再通过原料与汤汁的物质交换，使原料入味。在汽蒸或干热烹制的过程中，一般无法进行调味，所以需要先将原料腌渍入味，再在烹制中借助热力，使调料成分进一步渗入原料中心。热渗调味需要一定的加热时间，一般加热时间越长，原料入味就越充分。

（四）裹浇调味法

裹浇调味法是指将液体状态的调料黏附于原料表面，使其带味的调味方法。从调味的角度看，上浆、挂糊、勾芡、收汁、拔丝、挂霜等均是裹浇调味法的使用。烹饪调味中的勾芡、浇汁、明油等主要的原理是吸附现象。

（五）粘撒调味法

粘撒调味法是指将固体状态的调料黏附于原料的表面，使其入味的调味方法。其原料黏附于原料表面的方式和裹浇调味法相似。粘撒调味法通常是将加热成熟后的原料，置于颗粒或粉末状调料中，使其粘裹均匀，也可以是颗粒或粉末状调料投入锅中，翻动原料将其裹匀，还可以将原料装敷后，再撒上颗粒或粉末状调料。

（六）跟碟调味法

跟碟调味法是指将调料放入小蝶或小碗中，跟菜一起上席，由用餐者蘸而食之的调味方法。此法多用于烤、炸、蒸等的调味。跟碟上席可以一菜多味，也可上数种不同滋味的味碟，由食用者根据各自的需要选料食用。

第六节　调味的关键要点

菜品风味的形成是一个十分复杂的过程。首先，构成菜品的主料、辅料、调料之间形成了一个复杂的多组分体系，而且各组分的比例和浓度都不均匀。其次，调味的过程并不是调味料味道相加的静态过程，而是相互混合、相互协调的动态过程。在调味时应注意的要点如下。

一、根据烹饪原料的性质进行调味

在进行菜肴调味时，应充分了解烹饪原料的性质，不可千篇一律，一概而论，要注意突出本味。其主要表现在：一方面对于一些本身鲜味较足的原料，调味时应以原料本身的美味为主，即味美者使其突出；对于本身带有腥、膻、臊、苦等异味较重的原料，在调味时则要用较重的滋味来掩盖或抑制其异味，采用各种辛香味堆砌进行除味，即味异者使其消除；而对于一些本身味淡或无味的原料，则要利用一些鲜味足的原料与之搭配，或选用鲜味足的高汤来调味。另一方面是指在处理菜肴中各种主、配料之间的关系时，要注意突出、衬托或补充各自的鲜美滋味。在调味料投放时应注意根据不同原料本身的品质特性，选用合适的调料，注意下料的时机，掌握调料的用量。

二、根据食用者的口味要求进行调味

不同地域、不同年龄、不同民族、不同宗教信仰及不同的审美状态、劳动强度的人，对口味的偏好都不一样。在菜肴进行调味时，应熟悉个人的口味、爱好、需求，以人为本。

三、根据季节的变化合理调味

人的口味往往随着季节的变化有所不同，味要合乎时序，注意时令，在《礼记·内则》中就有“凡和，春多酸，夏多苦，秋多辛，冬多咸”之说。

四、要了解不同味之间的相互作用

两种不同化学物质的味以适当的比例混合，同时作用于味觉，其中一种味觉会明显增强。例如，做甜菜时加少许盐，会使甜味更明显；鲜味中加入少量咸味，鲜味会更明显，这是味的对比现象所致。宴席中的菜肴安排是先冷菜后热菜，先咸后甜，各种味型的菜肴穿插安排，就是利用了味的转换现象来调节饮食进餐的节奏感。

除了以上几项外，调味时还应根据菜品风味特点进行调味。中国菜肴之所以有众多的地方风味，有风格各异的菜肴口味和技法多元的烹调方法，是因为各地域的物产、气候、人文、地理、饮食、习俗等诸多方面不同。随着社会的发展，交通日益发达，相互交流日趋频繁，菜系的地域性较从前有所打破，但各个地域仍有各地域的一些特色。例如，同样一道红烧鱼，川菜中以辣为主味，咸鲜为辅味；苏味以甜咸为主味，香鲜为辅味；而北方则以咸为主味，其他为辅味。所以在调味时还应保持各个地域的风味特色。

讨论题

1．如何理解味觉的生理过程？
2．如何理解味与味之间的相互作用？
3．烹饪中如何调味？
4．如何理解烹调加热中形成的味？

阅读引导

1．曾洁．2013．烹饪化学［M］．北京：化学工业出版社

该书主要讲述烹饪工艺过程中所涉及的相关化学知识，从本质上讲是食品化学的另一种表现形式。通过烹饪化学课程的学习，使学生掌握食物成分在加工过程中的变化规律，从而主动控制和变革各种加工方法，烹制出赏心悦目、营养健康的美味佳肴。

2．阚建全．2008．食品化学［M］．北京：中国农业大学出版社

该书介绍了食品的六大营养成分、色香味成分和有害成分的结构、性质，以及它们在食品加工和储藏中的变化及其对食品品质和安全性的影响，酶和食品添加剂在食品工业中的应用等。

3．郑昌江．2012．烹饪工艺［M］．南京：江苏教育出版社

该书由菜肴属性形成模块、烹饪基本技能模块、菜肴烹制技能模块、面点工艺模块和菜肴设计模块五大模块组成。菜肴属性形成模块包括菜肴本质属性、菜肴视觉属性、菜肴味觉属性、菜肴触觉属性的形成和菜肴设计，重点阐述如何把握菜肴属性。

4．曹雁平．2002．食品调味技术［M］．北京：化学工业出版社

该书主要介绍了食品调味技术，包括食品的调香、调味、调色和调质等。比较详细地介绍了食品调味需要的调味剂、酸味剂、鲜味剂、食用色素、增稠剂、天然浸出物、各种食用香料和香辛料，以及国内外重要的发酵类调味料的性能和调味特点；同时按照动物类食品、植物类食品、发酵类食品分类介绍了其各自的风味特点和调味技术，以及各类复合调味料的特点和生产技术。

第五章　菜肴香的形成

本章的学习将有助于你回答下列问题：

1. 嗅觉的生理是什么？
2. 香气是如何分类的？
3. 发酵形成的香气有哪些？
4. 调料调香的原理是什么？
5. 烹调加热形成的香气有哪些？

第一节　香气的概述

食物除含有各种味道外，还含有各种不同气味。食物的味道和气味共同组成了食物的风味，它影响着人类对食物的接受性和喜好性，同时对内分泌也有影响。因此，嗅觉与食物有密切的关系，是人们对食物进行感官分析时所使用的重要感觉之一。

一、嗅觉

嗅觉比视觉原始，比味觉复杂。在人类没有进化到直立状态之前，原始人主要依靠嗅觉、味觉和触觉来判断周围环境。

（一）嗅觉的生理

感觉气味的途径是，人在正常呼吸时，挥发性嗅感分子随空气流进入鼻腔，先与嗅黏膜上的嗅细胞接触，然后通过内鼻进入肺部。嗅感物质分子应先溶于嗅黏液中才能与嗅纤毛相遇而被吸附到嗅细胞上。溶解在嗅黏膜中的嗅感物质分子与嗅细胞感受器膜上的分子相互作用，生成一种特殊的复合物，再以特殊的离子传导机制穿过嗅细胞膜，将信息转换成电信号脉冲。经与嗅细胞相连的三叉神经的感觉神经末梢，将嗅黏膜或鼻腔表面感受到的各种刺激信息传递到大脑。

外鼻孔进入的气味是鼻子直接感觉的结果，而从内鼻孔进入的气味则有可能是牙齿咀嚼或口腔内搅动而产生的气态小分子。因为味和香总是同时存在于食物之中，有时很难区分。味觉和嗅觉之所以是化学性感官，就是因为它们是通过感知溶解或蒸发的物质分子而发挥作用的，这些物质分子与感觉器官发生关系，并在器官的膜内发生化学反应，刺激神经传递，将信息传送到大脑，然后产生知觉。食物进入口腔后，通过牙齿咀嚼或口腔内搅动而产生的气态小分子，通过鼻咽通路可加强对食物气味的感知。一方面，由于口腔的加热，以及舌头及面部运动而搅动食物，从而加强了芳香物质的挥发。另一方面，当咽下食物时，由咽部的运动而造成了内部高压，使充满口腔中的香气进入鼻腔，从而加强了嗅觉强度。因为味觉与嗅觉的关联，人们在品尝食物时能够获得对它的整体风味感觉。

（二）嗅觉的机制

2004 年，美国的阿克塞尔和琳达巴克发现了气味受体和嗅觉系统组织，证明了嗅觉系统是如何起作用的。嗅觉系统是人类以分子技术破译的第一种感觉系统。阿克塞尔和琳达巴克证明，人类基因的 3% 被用来编码嗅觉受体细胞细胞膜上的不同气味受体。当一种气味受体被另一种物质激活时，嗅觉受体细胞中电信号就被触发并经过神经突触传递到大脑。每一种气味受体首先激活一种成对存在的 G 蛋白，后者又转而刺激环腺苷一磷酸（或环腺苷酸，cAMP）的形成。环腺苷一磷酸是一种信使分子，可激活离子通道，让其开通，然后细胞被激活。

在每一种嗅觉受体细胞中都有一种类型的气味受体。阿克塞尔和琳达巴克分别独立地证明了每个单独的嗅觉受体细胞只表达一种并且只有一种气味受体基因。因此，气味受体有多少，就有多少类型的嗅觉受体细胞。如果记录来自单独的嗅觉受体细胞的电信号，就可能证明每个细胞不仅与一种气味起反应，也可能与几种相关的分子起反应，尽管有强度的不同。

大多数气味是由多种气味物质分子构成的。每种气味分子激活几种气味受体。这就导致了一种结合密码形成一种“气味类型”。这种情况有点类似于无色马赛克的色彩。由此才构成了人们识别气味能力的基础，并且形成了对约 1 万种不同气味的记忆。

（三）嗅觉的基本特征

1. 敏锐性

人的嗅觉相当敏锐，具有察觉许多极低浓度有效气味的能力。一些风味化合物即使在很低的浓度下也会被感觉到，有些呈嗅物质在极低的浓度下就能被感知。训练有素的专家能辨别 4000 种以上不同的气味。这点现在仍然超过化学分析仪器测量的灵敏度。人们可以检测许多重要的、在十亿分之几浓度水平范围内的风味物质。

由于嗅觉对于区分强度水平的能力相当差，因此，相对于其他感觉而言，测定的嗅觉差别阈值经常很大。对未经训练的个别人辨别气味类别能力的早期试验表明，人只能可靠地分辨大致 3 种气味强度水平。从复杂气味混合物中分析识别其中许多成分的能力也是有限的。人们往往是将气味作为一个整体的形式而不是作为单个特性的堆积加以感受的。人的嗅觉也会因病理变化而发生变化。

2. 个性差异大

不同的人嗅觉差别很大，即使嗅觉敏锐的人也会因气味而异。对于同一种气味物质的嗅觉敏感度，不同人具有很大的区别。有的人甚至缺乏一般人所具有的嗅觉能力，人们通称它为嗅盲，这是由遗传产生的。就是同一个人，嗅觉敏锐度在不同情况下也有很大的变化。某些疾病对嗅觉有很大的影响。例如，感冒、鼻炎都可以降低嗅觉的敏感度。环境中的温度、湿度和气压等的明显变化，都对嗅觉的敏感度有很大的影响。

3. 易疲劳、适应和习惯

持续的刺激易使嗅觉细胞产生疲劳而处于不灵敏状态。例如，人在闻香水时间稍长后就不觉得香，同样长时间处于恶臭气味中也能忍受。古语“入兰芝之室，久而不闻其香；入鲍鱼之肆，久而不闻其臭”就是这个道理。一般情况下，较平常的气味，经 1～2min，人就可以适应，即使较为强烈的气味经过 10min 也能适应。因为一种气味的长时间刺激，可使嗅球中枢神经处于负反馈状态，感觉受到抑制，产生对其的适应。这说明嗅觉细胞易产生疲劳而对该气味处于不灵敏状态，但对其气味并不疲劳。另外，注意力的分散会使人感觉不到气味；时间长，也会对该气味形成习惯。因为嗅觉的疲劳、适应和习惯这 3 种现象是共同发挥作用的，因此彼此之间很难区别。

4. 相互掩盖和抑制的现象

气味性质相互影响的方式还不清楚，但气味混合物在性质上与单一化合物的性质会有很多相似之处。例如，对一个二元混合物的气味剖析得到的结果同单一成分的气味剖析结果非常相似。虽然风味感觉的强度有所不同，但如果混合物种类很多，就可以产生一种全新的风味。例如，合成的番茄味是多种化合物混合而成的，咖啡香气是由百种物质构成的，其中许多物质单独存在时没有任何咖啡味；用气相色谱分析红烧肉的香味时也发现，某些关键物质在单独存在时没有任何红烧肉的香气，但在混合物中就会产生红烧肉香气。

5. 混合抑制消除的现象

混合抑制消除是指几种不会合成新成分的混合物中，鼻子对其中一种成分适应后，会使得另外成分的气味变得非常突出。研究发现，有些物质可以很容易地从混合物中区别出来，而另外一些物质则不太明确，如果鼻子对已知物质疲劳了，另外一些物质可能就会显现出来，使得未知物质更容易被确认。嗅觉的抑制和消除现象是感官检验需要考虑的重要问题，这也是感官检验应该在无气味的环境中进行的原因。如果检验环境中有气味，经过短时间后，嗅觉系统对环境中的任何气息都会变得麻木，如果该气味出现在所检产品中，检验人员就会对它们没有反应，而对于其他风味或香味则会由于抑制效应的消除而有过于强烈的反应。

6. 阈值随身体状况变动

嗅觉物质的阈值受身体状况、心理状况、实际经验等人主观因素的影响尤为明显。当人的身体疲劳、营养不良、生病时可能会发生嗅觉减退或过敏现象，这时会感到食物平淡不香。例如，人患萎缩性鼻炎时，嗅黏膜上缺乏黏液，嗅细胞不能正常工作造成嗅觉减退。女性在月经期、妊娠期或更年期可能会发生嗅觉减退或过敏现象等，这也说明人的生理状况对嗅觉也有明显影响。心情好时，敏感性高，辨别能力强。正常情况下，实际辨别的气味越多，越易于发现不同气味间的差别，辨别能力就会提高。

7. 香与臭不是绝对的

这不仅是对不同生物物种而言，气味对同一生物物种的感受也因气味的浓度而有所改变。例如，麝香对于人而言，低浓度时香，高浓度时臭。有些气味在低浓度时无害或有益，高浓度时可能有害。

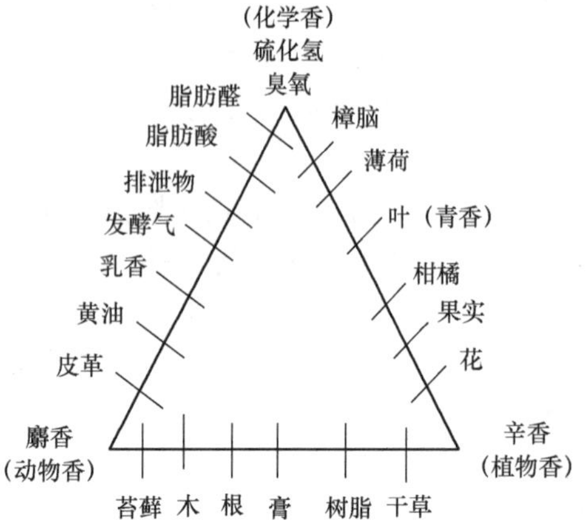

图 5-1　三角形香气分类法

二、香气的分类

由于在日常生活中，特别是在菜肴中香气有突出的重要作用，香气有多种专门的分类，其中比较实用的是三角形香气分类法（图 5-1）。

1）香气分为动物性香气（动物香）、植物性香气（植物香）和化学性香气（化学香）三大类，分别位于三角形的三个顶点。

2）在三角形同一边上的香气性质相似，

相邻的香气更具有类似性。例如，花香与果香相似；皮革香与乳香相似；苔藓香与木香相似。

3）在三角形不同边上的香气性质相反。例如，皮革香与木香是不相似的香气；乳香与花香具有相反的香气等。

三、香气的评价

（一）阈值

嗅感的阈值是指嗅觉器官感觉到气味时嗅感物质的最低浓度。和呈味物质一样，不同的嗅感物质产生的气味不同，相同的气味嗅感强度也不同，同样可以使用阈值的概念评价嗅感的强度。影响嗅觉阈值的因素有呈香成分的分子结构、物理性质、化学性质等，还和呈香成分的多少、是否集中与分散等因素有关，还有气温、适度、风力、风向等自然环境因素，以及人的身体状况、心理状态、生活经验等因素。其中人的主观因素尤为重要，所以才有同一个香料有时会出现两个或更多的阈值。表 5-1 列出了一些物质的嗅感阈值。

表 5-1　一些物质的嗅感阈值

名称	嗅感阈值 /（mg/L）	名称	嗅感阈值 /（mg/L）
甲醇	8	乙醇	1×10^{-5}
乙酸乙酯	4×10^{-2}	香叶烯	16
丁香酚	2.3×10^{-4}	乙酸戊酯	5
柠檬醛	3×10^{-6}	癸醛	0.1
硫化氢	1×10^{-7}	2- 甲氧基 -3- 异丁基吡嗪	2×10^{-4}
甲硫醇	4.3×10^{-8}	1,3- 二硫杂戊苯并吡喃	4×10^{-4}
麝香气	5×10^{-6}	乙醚	5.833

（二）浓度

虽然嗅感物质在食物中的含量远低于呈味物质浓度，但是在比较和评价不同食物的同一种嗅感物质的嗅感强度时，也使用嗅感物质的浓度。

（三）香气值

任何一种食物的嗅感风味，并不完全是由嗅感物质的浓度高低和阈值大小决定的。因为有些组分虽然在食物中的浓度高，但如果其阈值也很大时，它对总的嗅感作用的功效也就不会很大。因此，在评价和判断一种嗅感物质在体现的香气中的作用时，应将嗅感物质的浓度和阈值综合考虑，故提出了香气值的概念。

嗅感物质浓度与其阈值之比就是香气值，即

香气值（FU）= 嗅感物质浓度 / 阈值

若食物中某种嗅感物质的香气值小于 1.0，说明这个食物中该嗅感物质没有嗅感，或者说嗅不到食物中该嗅感物质的气味。香气值越大，说明越有可能成为该体系的特征嗅感物质。利用香气值可以从众多的香气成分中筛选出对菜肴香气起重要作用的成分，其中包括含量很少但对菜肴香气贡献极大的成分。

四、产生食物气味的化合物种类

（一）脂肪烃含氮衍生物

这类物质非常广泛，并且具有比较强烈的挥发特性，在日常生活中，也是最为广泛的一类，具体包括脂、酸、酮、醛、醇类化合物。

（二）芳香族化合物

这类物质具有气味浓郁、刺激的特点，从结构上来看主要是苯类和环类化合物。单纯的苯类物质刺激性太过浓烈，而环类物质因其连接基团不同，气味体现上呈现多样化，食物原料取舍也呈现多样化。

（三）含硫化合物

在日常饮食生活中，这类物质因其饮食个性的差异，表现出强烈的差异性。例如，蒜、洋葱、辣椒等菜肴原料，因其含有刺激性的挥发硫化物和其他物质，直接刺激鼻腔和视觉器官，产生强烈的人体反应。

（四）含氮化合物

这类物质多包含在高蛋白食物原料中，具有营养密集度高、呈味突出的特点。然而，从气味表观上来看，这类物质仅在食物新鲜状态下呈现淡雅的芳香气味，并为人们所喜爱，而在非新鲜状态时，往往伴随着不愉快气味，如腥味、腐败臭味等。

（五）杂环化合物

呋喃类化合物多具有较强的香气；吲哚类多有臭味；吡嗪类的气味是焙烤的特征香气；吡咯类化合物是羰氨反应产物之一，具有一定的香气；噻吩、噻唑均是肉类香气成分；香菇精是一种多硫杂环化合物，能形成香菇的特征香气。

第二节　食材的天然香气

人们对原料固有的天然香气常常特别钟爱，因为它们能增进食欲，蔬菜和水果的新品种改良在这方面尤其重要。

一、生食蔬菜的香气

大多数蔬菜食用时都要经过烹煮，但也有些品种可以生食。例如，百合科的蒜；十字花科的洋白菜、花椰菜；葫芦科的黄瓜；茄科的番茄；伞形科的胡萝卜、芹菜等。它们在生鲜状态下大多数具有青草气味，但经过咀嚼后便产生不同的风味。

葱、蒜、韭菜、洋葱、芦荟等的辛辣味因含硫化合物而产生。例如，洋葱组织破损后能迅速产生穿透力极强、催人泪下的挥发性 *S*-氧化硫代丙醛。也就是说在这些蔬菜中，呈味物质和呈香物质都是含硫化合物，这些化合物分解时产生的 H_2S，是一种主要的香气成分，还能够与多种化合物产生新的香气成分。例如，芦笋香气产生的过程为

$$\underset{\substack{S\text{-二甲基-}\beta\text{-硫代丙酸}\\(\text{风味前体})}}{(CH_3)_2S^+\text{-}CH_2CH_2COOH} \xrightarrow{\text{酶}} \underset{\substack{\text{二甲硫醚}\\(\text{风味酶})}}{(CH_3)_2S\uparrow} + \underset{\substack{\text{丙烯酸}\\(\text{气体成分})}}{CH_2=CHCOOH\uparrow} + H^+$$

番茄含有 2.5%～3.8% 的总糖、0.7%～1.5% 的含氮物质、0.52% 的有机酸（主要是柠檬酸）、2%～2.9% 的果胶，还含有红色的属于类胡萝卜素的番茄红素。故番茄兼具有甜酸二味、脆嫩口感和艳丽的红黄色。番茄的香气成分已鉴定出 300 多种，氨基酸特别是甲硫氨酸为番茄香气的前体物，烹熟的番茄香气由此而来。

黄瓜含有 2.5%～9% 的总糖，故大多有甜味；含有 0.4%～1.2% 的含氮化合物；含有 3% 以上的果胶，故有脆感。黄瓜清香气味的特征成分是 2,6-壬二烯醛、反 -2- 顺 -6- 壬二烯醇、壬醛、反 -2- 壬烯醛和反 -2- 顺 -6- 壬二烯醛等。

胡萝卜含有 6.2%～10.4% 的总糖、0.3% 的有机酸（其中 80% 为苹果酸、20% 为柠檬酸）、1% 的果胶、α- 胡萝卜素和 β- 胡萝卜素。所以它有味酸带甜、质脆、色黄红的特点。胡萝卜的香气成分主要是萜烯类化合物，以及丁二酮、甲基庚烯酮、紫罗兰酮、糠醛等羰基化合物。

许多种蔬菜如生马铃薯、豌豆和豌豆荚等，其香气的主要成分是吡嗪类化合物，典型的香气是甜椒香气味，它们的前体都是氨基酸。

二、肉类的香气

肉类的气味随屠宰前及屠宰过程的条件，动物的品种、年龄、性别、饲养状况等而有改变。畜肉的气味稍重于禽肉，特别是反刍动物。野生动物肉的气味重于家养的。总体看来，动物肉在新鲜时，气味很小，主要是一些血腥味，这是所含乳酸及一些氨、胺类物质和一些醛、醇所致。肉的后熟作用会增加醛、酸等物质，从而使肉的气味有上升的趋势。

不同的肉，其气味不同，这主要取决于其脂溶性的挥发性成分，特别是短链的脂肪酸，如乳酸、丁酸、己酸、辛酸、己二酸等。带有分支的脂肪酸、羟基脂肪酸使肉味带臊气。不同性别的动物肉，其气味往往还与其性激素有关。例如，未阉的性成熟雄畜（种猪、种牛、种羊等）具有特别强烈的臊气，而阉过的公牛肉则带有轻微的香气。

畜肉在成熟期间，亚黄嘌呤类、醚、醛类化合物的积聚会改善肉的气味。但腐败时的肉，由于微生物的繁殖，产生的硫化氢、氨、尸胺、组胺等具有令人厌恶的腐败臭气，故腐败肉不能再作为烹饪加工的原料。当然，对于不同的禽畜类，也会有特征性的气味。例如，熟羊肉的膻气便是由瘤胃中丙酸浓度增大时产生的带有支链的甲基脂肪酸所造成的；猪肉中有时闻到尿味或麝香味，便是由其肉中残留的性激素所造成的；鸡肉的香气多是由不饱和醛、酮所造成的；牛肉的香气中含有较多的杂环化合物。

三、水产品的香气

水产品包括鱼类、贝类、甲壳类等动物种类及水产植物，每种水产品的气味因新鲜程度和加工条件不同而互不相同。

目前已经认识的有存在于新鲜鱼和海产品香气中的 C_6、C_8 和 C_9 的醛类、酮类和醇类，在新鲜的牡蛎中发现了二甲基硫醚；放置后和贮藏期鱼的冷藏味也来自不饱和醛、酮；腐败的鱼和海产品的腥臭味源于三甲胺和二甲胺。由于鱼和海产品种类繁多，因此它们在加工前和加工后都会有特征气味。生鲜的鱼带有极其特殊的腥味。河中淡水鱼类腥味的主体成分为六氢吡啶类化合物。当六氢吡啶与附于鱼体表面的乙醛聚合，则生成河中淡水鱼类的腥味。鱼体表面的黏液内均含有 δ-氨基戊酸和 δ-氨基戊醛，它们都具有强烈的腥味。在鱼类的血液中也含有 δ-氨基戊醛，所以也具有强烈的腥味。

鱼体表面的黏液中含有蛋白质、卵磷脂、氨基酸等，在细菌的作用下会产生氨、甲胺、硫化氢、甲硫醇、吲哚、粪臭素、四氢吡咯、四氢吡啶等腥臭物质。因为鱼腥成分大多都有胺类，为碱性物质，烹调中可用食醋中和，除去腥臭味。此外，乙醇、乙酸的气味也能掩蔽一些腥臭味。海参有壬二烯醇，具有黄瓜般的香气。海藻的香气成分主要是甲硫醚，另外，海藻中还含有一定量的萜类化合物。

四、乳类的气味

鲜牛奶有淡淡的香气味。而饮用乳品、奶油、黄油、奶粉、炼乳、乳酪等各种乳制品，都是以鲜乳为原料经过加热消毒处理后的产品，所以它们的香气成分大体相似，既有天然的嗅感成分，也有因加热、酶促、微生物、自动氧化等产生的嗅感成分，还有因加热、酶促、微生物、自动氧化等产生的嗅感成分，主要有挥发性有机酸、羰基化合物、酯类和硫化物，其中仅有机酸就测出了 140 多种。

第三节　发酵形成的香气

发酵形成的香气是经过发酵作用而产生的酒、醋、酱等香气，主要成分多为发酵过程的中间产物，以含氧有机物居多；再经过腌渍、烟熏处理的加工原料，又都各具有特殊香气，呈香成分的变化很大，目前知之不多。

酵香香气是一类非常特殊并极易形成风味特质的香气。中国烹饪在酵香方面的运用，如黄酒的去腥调味增香、陈醋的去腥提鲜等，都是利用发酵香气的典范。另外，广泛运用于菜肴制作中的酱香、腐乳香、酵面香和独特的臭豆腐味，都是中国传统菜肴制作中经常使用到的。

一、酒类的香气

酒类的香气，即醇香香气，是非常特殊并极易形成风味特质的一类香气。各种酒类的芳香成分极为复杂，其成分因品种而异。例如，茅台酒主要的呈香物质是乙酸乙酯及乳酸乙酯。泸州大曲主要的呈香物质为己酸乙酯及乳酸乙酯。乙醛、异戊醇在这两种酒中含量均较高。此外，酒中含有的其他微量、痕量挥发性成分还有数十种之多。

二、酱及其酱油的香气

广泛运用于菜肴制作中的酱香是中国传统菜肴制作中经常使用到的。酱和酱油都是以大豆、小麦为原料，由霉菌、酵母菌和细菌发酵而成的调味料。酱和酱油的香气成分极为复杂，其中醇类主要有乙醇、正丁醇、异戊醇和 β-苯乙醇等，以乙醇最多；酸类主要有乙酸、丙酸、异戊酸和己酸等；酚类以 4-乙基愈创木酚、4-乙基苯酚和对羟基苯乙醇为代表；酯类主要是乙酸戊酯、乙酸丁酯及β-苯乙醇乙酸酯；羰基化合物主要有乙醛、丙酮、丁醛、异戊醇、糖醛、饱和及不饱和酮醛等，α-羟基异已醛二乙缩醛和异戊醛二乙缩醛也是两种重要的香气成分。酱油香气成分中还有由含硫氨基酸转化而来的硫醇、甲硫醇等，甲硫醇是构成酱油特征香气的主要成分。

三、食醋的香气

醋在烹调中的应用十分广泛，可形成许多特色的酸味味型，如糖醋味、酸辣味等，都是以突出醋香为特色。食用醋的成分中挥发酸占总酸的大部分，它对醋味起决定性作用。另外，食用醋中的氨、酯也呈香气。

醋的挥发性很强，利用这一特性可将带有异味的成分从原料中挥发出来，同时也可将自身的香味与原料特有的香味一起散发出来，达到去腥增香的效果。烹调中常用的底醋、暗醋、明醋法，就是利用的这一特性。例如，因菜肴色泽与口味的要求，在烹制过程中不能直接加入醋进行调味，但又需要去除菜肴的腥味时，可以在盘子的底面滴上几滴香醋（底醋），然后将菜肴装入，这样既不影响色泽和口味，同时也可利用醋的挥发性达到去腥增香的目的。淋醋也是一样，醋不是起增酸的作用，而是在菜肴出锅前淋在锅边，增加醋的香味，使整个菜品的香味快速溢出，香气扑鼻。

第四节　调料形成的香气

一、调料调香的原理

利用调料调和菜肴的香气，是中国烹饪重要的技术手段。常用的调香调料有挥发增香、吸附带香、扩散入香、酯化生香、酸碱中和及掩盖异味等作用。

（一）挥发增香

呈香物质都有一定的挥发性，只是浓淡有所区分。有的香料，如小磨香油等，所含的呈香物质挥发性较强，可直接用于冷菜的调香。有些调料如辣椒、胡椒、花椒等，所含呈香物质只有在一定温度下才有挥发性。一般将其碾碎，再通过加入菜肴促使其产生香气。烹调加工中，成菜后趁机撒上葱花、胡椒粉、花椒末等，或者往调料上淋浇热油，均是起挥发增香的作用。

（二）吸附带香

呈香调料在加热过程中可以挥发出大量的呈香物质，这些呈香物质有一部分挥发，还有一部分被油脂和主、辅料吸附，从而达到菜肴携香的目的。主要采取姜、蒜“炝锅”和“烟熏”。炝锅是呈香物质被油脂吸附粘裹于原料表面使菜肴带香，烟熏是用樟树叶、木屑、茶叶、花生壳等作为生烟材料，使烟雾中所含的大量呈香物质被烟熏制品表面吸附，有一部分还会渗入原料表层中，使原料带有较浓的烟熏味。

（三）扩散入香

呈香物质多具有脂溶性，因此能够为油脂所吸附。炝锅后，吸附有呈香物质的油脂，在较长时间的熏制过程中可渗透到原料的内部，使其具有香味。水烹时，直接将呈香调料加入，呈香物质便会以油（包括调料本身含有的精油）作载体，从调料中溶出，逐渐扩散到汤汁的各个部分，同时也渗透到原料之中，使其入香。多种原料混合烹制，各种原料的香气也依此原理相互扩散、交融。

（四）酯化生香

酯化是在一定条件下，醇分子中的羟基和有机酸分子中的羧基之间发生的脱水缩合反应，其产物为酯。调香中发生的主要是食醋中的乙酸与料酒中的乙醇发生酯化，生成的乙酸乙酯具有香气。当然，食用食醋和料酒调香，所形成的香气也包括食醋和料酒本身带有的呈香物质。

（五）酸碱中和

鱼是常用的烹饪原料，消除其腥味是鱼类菜调香的内容之一。特别是新鲜度下降的鱼类，其腥味刺鼻，在烹饪加工过程中必须进行除腥。因为鱼腥味的主要成分是弱碱性物质，常用的除腥方法是加入食醋，当鱼腥成分与乙酸接触时会发生酸碱中和反应，生成盐类，可使腥味大为减弱。当然，用料酒或其他挥发性酒类调香时，利用乙醇受热易挥发的特性，也可带走鱼的腥味，并形成独特的醇香。

（六）掩盖异味

有些带有腥、膻等异味的原料，有时用摘除异味部分或焯水、过油、中和等方法也难以奏效，而必须采用浓香的调料来掩盖，以压抑原料的异味。辛香料的气味对于抑制肉类特有的异味效果比较明显。常用的有葱、姜、蒜、胡椒、花椒、辣椒、八角、桂皮、丁香等，食醋、料酒、酱油等可作辅助。鱼腥的掩盖主要用食醋、料酒、香葱、生姜等。

另外，在烹饪过程中为了增加一些菜肴的香气，人们常在菜肴即将出锅或出锅后淋上一些香味较浓的油脂，如麻油、葱油、花椒油、蒜油、鸡油、奶油等。例如，在“红烧鳗鱼”出锅时淋入麻油可去腥增香；“榨菜肉丝汤”出锅时滴上几滴麻油则香气四溢；在“松子炒玉米”出锅前加入少许奶油，成菜乳香扑鼻；在“麻婆豆腐”中淋入花椒油、“鸡油菜心”中淋入鸡油等，都能使菜的香气各具特色。

二、调香料的正确选择

在众多调香料中，绝大部分也具有调味的多重功能性。具体到调香料的种类，并无统一的划分，可以说凡是符合人体嗅感愉悦感的可食性原料都可以作为调香料，这其中就包括本身可以作为菜肴配、辅料的原料。

（一）香料

香料按成分划分，可分为天然单一香料和天然合成香料。在烹调调制中经常使用清香型的香草、荷叶、茉莉、梅花、千里香、茶叶；辛香型的葱花、辣椒、生姜、胡椒、花椒、芥末；芳香型的八角、丁香、草果、豆蔻、陈皮、金橘、肉桂、桂皮、芝麻、玫瑰、紫苏。中国烹饪历来重视香料的使用，并且独创出极富特色的合成香料，如十三香、五香粉、椒盐、沙茶粉等。

（二）酒及酒糟料

酒及酒糟料作为调香调味料，是中国烹饪特色的一大体现。在菜肴制作中，经常使用的酒有黄酒、米酒、曲酒、啤酒等，而以黄酒使用最为广泛。

酒作为调香料，多用于腥、臊、膻类原料菜肴，如鱼类、家畜类、家禽类。这是因为酒在加热时挥发性的乙醇将原料中的三甲胺、四氧化吡咯等臊膻类物质挥发、酯化生成芳香气味，并且酒中的氨基酸还可以和糖类结合生成具有诱人气味的醛类，既可去腥除臊，又可提升香气。黄酒是使用最多的一种，具有柔和、宽厚、优雅的香气，特别是在加热后，香气环绕升腾，悠远回香，可以提升菜肴品味。同时，黄酒使用简单，使用量并不受严格控制，深得人们的喜爱。曲酒属蒸馏酒，乙醇含量一般比较高，故在使用时对使用量有一定的要求。根据菜肴加热时间的长短，要灵活使用曲酒。一般长时间加热的菜肴，用量可以稍大，而短时间加热甚至是不加热的菜肴，用量则要严格控制，否则矫香过正，适得其反。米酒是熟饭加入酵种发酵而成的，一般发酵时间不长，酒精度非常低，有浓郁的香甜味。在菜肴制作中，最常见的是制作甜汤，如“酒酿珍珠丸子”“甜酒鸡蛋花”“甜酒银耳羹”等。啤酒和果酒在中式菜肴中使用的时间并不长，使用量也相对较少，更多出现在西式菜肴制作中，一般作为特色菜肴中的调香调味料使用。

酒糟是中国特有的调味调香原料，在使用时，相比酒类，其工艺要复杂。除了少量酒糟可直接使用外，更多的是要经过再加工使之香气协调，并且要注意加热时间、加热温度及酒糟本身颜色对菜肴的影响。

（三）油脂

植物油如芝麻油、花生油、大豆油、菜籽油、茶油等，在自然状态下，其芳香味就已经非常浓郁醇厚了。在加热状态下，加快了芳香物质的扩散挥发，更是香气飘远。

基于大部分香气物质具有亲脂性，并且能很好地溶解于油脂中这一原理，烹饪中常将一些香辛料与植物油一同熬炼，其产品的风味各异。例如，分别将花椒、五香、丁香、葱等香味调料与植物油一同熬炼后，产品的风味各异，分别形成各具一格的花椒油、五香油、丁香油、葱油等。它们各具有其本身强烈的芳香，尤其适于在冷菜、凉拌菜及某些面点和小吃中使用，以达到增香、调香的效果。对于猪油、鸡油、牛油等动物性油脂，虽然在自然状态下不及植物性油脂芳香，但是在加热成熟过程中，动物性油脂的味感更加宽厚浓稠，回味更加悠长，也是一种很好的调味调香料。只是要注意的是，动物性油脂含有大量的饱和脂肪酸，过多使用会对人体健康造成危害，日常生活中要控制其使用量。油脂除了直接使用外，还可以利用其高渗透性及溶解性，添加其他物质制作成特色调味品，如红油、花椒油、茴香油、丁香油等。这些调味调香品，简化了菜肴烹饪工艺，提高了原料的利用率，同时对菜肴调色起辅助和强化作用。

（四）食用香精

食用香精是食品添加剂的一种，其目的是使食品增香，赋予食品某些特征性香气。根据食用香精的物理状态可以将其分为水溶性液体食用香精、脂溶性液态食用香精、乳化食用香精、粉末食用香精及其他型食用香精。在菜肴制作中，一般并不提倡大量普遍使用香精，只是在某些特殊风味要求下，可以考虑适量使用。

第五节　烹调加热形成的香气

很多菜肴原料，在烹制过程中都会产生一些生料所没有的香气，如烧炒蔬菜之香、烹煮肉品之香、油炸菜肴之香、焙烤制品之香等。这些香气与调料香气相配合，是形成菜肴风味的重要途径。以其生香机制来看，主要为一些香气前体的氧化还原、受热分解、焦糖化作用和碳氨及其中间产物的降解等。

一、香气形成的原理

（一）通过美拉德反应形成的香气

高温烹调、焙烤、油炸食品香味的形成，主要发生的反应有美拉德反应，糖、氨基酸、脂肪热氧化，维生素 B_1、维生素 C、胡萝卜素降解。其中，美拉德反应是形成高温加热食品香气物质的主要途径（图 5-2）。

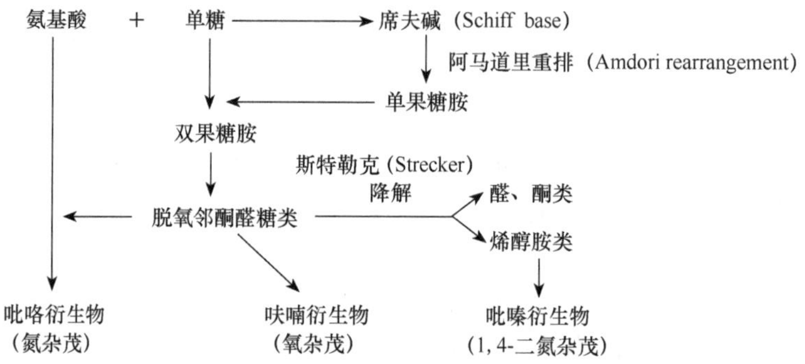

图 5-2 美拉德反应中形成香气物质的重要途径

美拉德反应能产生各种杂环化合物，主要有吡啶类、呋喃类和吡嗪类，特别是在斯特勒克降解反应中，不仅产生吡嗪，还产生醛、酮、烯醇胺等产物。另外，甲基还原酮和 α-二羰基化合物的产生，为进一步分解产生醛、酮等创造了条件。糖、氨基酸加热时，也很容易生成一种具有特征香气的烷酸内酯产物，特别是短时间加热时，这种产物为气味的主体。参与美拉德反应的糖类和氨基酸的结构不同，对生成的产物影响很大。

首先，不同种类的糖与氨基酸作用时，将降解产生不同的香气物质。例如，麦芽糖与苯丙氨酸反应产生令人愉快的焦糖甜香味；而果糖与苯丙氨酸反应却产生一种令人不快的焦糖味，但二羟丙酮存在时，则产生紫罗兰香气。二羟丙酮和甲硫氨酸作用形成类似烤土豆的气味，而葡萄糖和甲硫氨酸反应则呈现烤焦的土豆味。在葡萄糖存在时，脯氨酸、缬氨酸和异亮氨酸会产生一种愉悦的烤面包香；在还原二糖如麦芽糖存在时，形成烤焦的卷心菜味；而在非还原二糖如蔗糖存在时，则产生不愉快的焦炭气味。

其次，不同种类的氨基酸发生美拉德反应的难易程度也不一样。一般来说，不同氨基酸的降解速度从大到小的次序为：羟基氨基酸、含硫氨基酸、酸性氨基酸、碱性氨基酸、芳香族氨基酸、脂肪族氨基酸。

（二）热降解

在温度较高（一般都在 120℃以上），并且加热时间较长时，食品中的糖、氨基酸、油脂等都能直接裂解。在有氧气的情况下更易进行。这是烹调中采用爆、煸、烤方法所烹制的菜肴香味特别浓烈的主要原因。

单糖、低聚糖及多糖都能在强热下裂解，不过，分子较小的单糖、低聚糖裂解的温度较低，产物更易挥发；多糖裂解产物还可能对人体有毒。温度超过500℃时会产生炭化及出现强致癌的多环芳烃，应避免这种情况的出现。糖热解的产物主要是各种呋喃衍生物，如5-甲基糠醛、羟甲基糠醛、乙酰呋喃等。另外，小分子的醛、酮也起重要作用。焦糖化作用实则是糖的热分解反应，所以它在烹制菜肴中应用很广。

一般的氨基酸在较高温度受热时，都会发生脱羧反应或脱氨、脱羰反应，但这时生成的胺类产物往往具有不快的气味。若继续在热的作用下，其生成的产物可以进一步相互作用，生成具有良好香气的化合物。在热处理过程中，对食品香气影响较大的氨基酸主要是含硫氨基酸和杂环氨基酸。含硫氨基酸单独存在时，其热分解产物除了有硫化氢、氨、乙醛等物质之外，还会同时生成噻唑类、噻吩类及许多含硫化合物，这些物质大多数都是挥发性极强的香气物质，不少是熟肉香气的重要组分。此外，苏氨酸、丝氨酸的热分解产物是以吡嗪类化合物为特征，有烘烤香气；赖氨酸的热分解产物则主要是吡啶类、吡咯类和内酰胺类化合物，也有烘烤和熟肉香气。

二、食物烹调中形成的香

原料在烹调加工中产生的香气，有豆酱香、果酱香、醋香、腌腊香、烟熏香等。

酱香：酱品类的香气，如酱油香、豆瓣香、面酱香、乳香等。

酸香：包括以醋香为代表的香气（如各种食醋香），以乳酸为代表的香气（如泡菜、腌菜香等）。

酒香：以乙醇为代表，各种乙醇发酵制品的香气，如料酒香、米醋香、白酒香等。

腌腊香：经炖制的鸡、鸭、鱼、肉等所带有的香气，如火腿香、腊香、肉香、香肠香、风鸡香、板鸭香等。

烟熏香：某些物质受热生烟产生的香气，如茶叶烟香、樟叶烟香、糖烟香、油烟香等。

加热香：某些原料本身没有香味，经加热可产生特有的香气，如煮肉香、烤肉香、煎炸香等。

（一）烹煮肉品形成的香

肉品经烹、煮、炖、烤，能产生令人愉悦垂涎的香气，这些香气的主要成分是呋喃酮、含硫化合物、羰基化合物、内酯和醇。其前体为水溶性油提物中含有的氨基酸、核酸、糖类、脂类等。它们在加热过程中生成多种呈香物质，构成加热肉的香气。其生香途径主要有3种，包括脂肪的自动氧化、水解、脱水、脱羧等反应，糖和氨基化合物的羰氨反应，以及一些中间体的反应。不同肉类产生的各种热香中，其主体成分除羰基化合物之外，还有一些含硫化合物及含侧链的C_9～C_{10}不饱和脂肪酸。鸡肉的热香主要由羰基化合物和含硫化合物构成，尤其是后者，常使鸡肉汤具有轻微的含硫化合物的气味。

（二）烹制蔬菜形成的香

烹制蔬菜产生的香气成分，种类非常繁多，主要是一些醇类、醚类、醛类，还有少量的芳香苯类物质。刺激性气味很强的百合科蔬菜洋葱、韭葱、细香葱、蒜、韭菜、芦笋等，在烹煮受热后，特征气味的含硫化合物都要降解，香辣催泪的气味下降。例如，二丙基硫醚热降解产物丙硫醇比蔗糖还要甜。而十字花科的洋白菜、花椰菜、荠菜、小萝卜和辣根等的特征香气成分异硫氰酸酯也因加热而分解成腈类产物，并促使其他含硫化合物的降解和重排。茄科的番茄、青椒、马铃薯等受热烹调后含有的芳香气味成分有近 50 种，有 C_2～C_{10} 的饱和与不饱和的醛和酮、芳香醛和酮，C_3～C_8 的饱和与不饱和的醇，还含有芳香醇、橙花醇和香叶醇等萜类醇，硫醇、硫醚、噻唑等含硫化合物，此外还有一些含氮化合物和呋喃类化合物等。伞形科的胡萝卜、芹菜等在煮熟以后风味变化也很大。例如，烹熟的芹菜含有较多的甲醇和乙硫醇。烤紫菜的头香成分达 40 多种，主要是羰基化合物、硫化物和含氮化合物。

食用菌类的香气特别浓郁。新鲜的香菇并无明显的香气，但经过干燥加工的干香菇有诱人的香气。香菇是世界第二大食用菌，也是我国特产之一，在民间素有“山珍”之称。它是一种生长在木材上的真菌。味道鲜美，香气沁人，营养丰富，素有“植物皇后”的美誉。香菇富含 B 族维生素、铁、钾、维生素 D 原（经日晒后转变为维生素 D），味甘，性平。

（三）鱼和贝类制品形成的香

鱼、贝、虾、蟹气味的有关成分是胺类、酸类、羰基化合物和含硫化合物，还有少量的酚类和醇、酯等。这些成分经加热煮熟后产生了很大的变化，熟鱼所含的挥发性酸、含氮化合物和羰基化合物构成了诱人的香气。但不同品种的鱼，其香气组成的变化很大。而烤鱼、熏鱼等则因调料改变了其风味成分。

甲壳类和软体类水生动物熟制后，非挥发性的味感成分的风味效果远大于嗅感成分。例如，章鱼、乌贼、贝类等的鲜味是由氨基酸、肽、酰胺和琥珀酸等成分共同作用的结果，但不能因此忽视嗅感作用。蒸煮螃蟹的香气成分是某些羰基化合物和三甲胺；牡蛎、蛤蜊的头香成分是二甲硫醚；煮青虾的特征香气成分有乙酸、异丁酸、三甲胺、氨、乙醛、正丁醛、异戊醛和硫化氢等。

（四）瓜果制品形成的香

生食水果如果受热，其香气成分会发生降解，与生鲜状态有显著差异，所以天然果汁在食品加工中都需要进行调香。坚果类加热后的香气变化也很大，如栗子、桃子、榛子、香榧子等都是如此，更典型的是咖啡、可可、甜杏仁和花生。以花生为例，生花生仁的香气成分主要是由己醛、辛醛和 2-壬烯醛产生的适中的青豆香气，而炒花生的香气成分有 300 余种，以羰基化合物为主要成分，还有多种吡嗪类化合物。

（五）油炸中形成的香

用油煎、炸制成的菜肴，除了具有松脆的口感之外，还会具有独特的诱人香气。其香气的形成，除了原料成分在高温下的各种变化之外，还有煎炸油本身的自动氧化、水解、分解作用。油炸变化的产物主要为多种羰基化合物，这些产物自身可构成菜肴的煎炸香气，同时可与原料中的酚基化合物反应，生成多种其他的呈香物质，以形成煎炸菜肴之香。用不同的油脂煎炸同一原料可获得不同的香气，这主要与各油脂的脂肪酸组成不同和所含风味成分不同有关。油炸菜肴特有的香气物质为 2,4-癸二烯醛，阈值为 5×10^{-4}mg/kg。除此之外，油炸菜肴的香气成分还包含由高温生成的吡嗪类和酯类化合物，以及油脂本身的独特香气物质。例如，用椰子油炸会带有甜感的椰香，用芝麻油炸会带有芝麻酚香等。

经油脂烹制而成的菜肴，其香气都很浓郁，食用时更会香气扑鼻。这是因为油脂起着一种保香剂的作用。油脂能够溶解很多香味物质。在烹制菜点的过程中，菜点所产生的香味成分有很多已转移到了油脂中，从而在食用时达到满意的效果。因为味觉和嗅觉这两方面同时作用的结果，人们在品尝美味食物时会产生满口生香、余味无穷的愉快感觉。这种效果在热制热吃的过程中，显得尤为突出。因为温度的升高加强了芳香物质的挥发。例如，一碗温度很高的鸡汤，上面漂浮着一层油脂，从外观上看，看不见鸡汤的热气蒸腾，而且鸡汤的香气也不那么浓郁，然而当用勺子在鸡汤内搅动后再食用时，鸡汤的温度之高和香气之浓郁均可明显地表现出来。

在使用调香油脂时，要注意尽可能避免在高温或加热时间较长的情况下使用，否则香气的挥发速度会加快，减弱了应有的呈香效果。

（六）粮食类制品形成的香

大米饭刚煮好时，有一股诱人的香气，过去认为是 H_2S、CH_3CHO 和 NH_3，后来对新蒸煮的米饭顶空成分分析结果证明，其挥发性成分主要是低相对分子质量的醇、醛、酮类化合物，有 C_2～C_{10} 的醛、反-2-庚烯醛、反-2-反-4-癸二烯醛、异戊醛、苯甲醛和苯乙醛等，C_7～C_{10} 的 2-酮、6-甲基-5-庚烯-2-酮等，C_5～C_7 和 C_9 的醇、1-辛烯-3-醇等，还有苯、萘及乙酸乙酯、呋喃类和苯酚类化合物，另外还有脂肪酸、内酯、缩醛、噻吩、噻唑、吡啶、吡嗪、吲哚、喹啉等，总数在 150 种以上。

米糠也有特殊的香气，已鉴定出其挥发性成分有 250 种之多，而对米饭香气贡献最大的是酮类化合物，用完全去掉米糠的精白米所煮米饭的香气是很淡薄的。

小麦本身的挥发性成分种类较少，对小麦面粉的香气研究得不多，对中国人喜吃的面条、馒头、包子等的香气研究也不多，倒是面包、糕点、饼干等有相当多的数据。

生大豆磨碎后有豆腥气味，其主要成分是已醇、已醛、乙基乙烯基酮等，而烘炒大豆的香气则以 12 种吡嗪类化合物为主，还有糠醇、癸醛、苯乙醛、5-甲基糠醛、愈创木酚和 *N*-酰基吡咯等。

中餐中常用的红豆沙，在其原料生红豆中没有明显的香气，但煮烂后有特殊的香气，其主要成分是 3,5-二甲基-1,2,4-三硫环戊烷、2,4-二甲基二噻嗪、2,5-二甲基噻吩、四氢噻吩和 4-甲基-2-甲氧基苯酚等。

（七）焙烤制品形成的香

焙烤香气主要是在加热过程中，原料表面发生的羰氨反应、焦糖化作用，以及油脂氧化分解和一些含硫化合物的分解等作用所生成的各种呈香物质综合而成，主要与吡嗪有关。不同的原料，其化学组成不同，所形成的焙烤香气便有所不同。例如，烤面包除了在发酵过程中形成醇、酯类化合物外，在焙烤过程中还会产生多达 70 种以上的羰基化合物，其中的异丁醛、丁二酮等对面包香气影响很大。炒米、炒面、炒大豆、炒花生、炒瓜子和咖啡等食物的浓郁芳香气味，大都与吡嗪类化合物和含硫化合物有关，这是它们在焙烤时形成的最重要的特征香气成分。花生经焙烤产生的香气，除了吡嗪化合物之外，还发现了羰基化合物及 *N*-甲基吡咯；而芝麻在焙烤中产生的香气成分主要是吡嗪化合物和含硫化合物。吡嗪类化合物的产生可能与美拉德反应有关，其中有些中间反应至今尚不清楚，但的确产生了呈香物质。

第六节　调香的关键要点

食物中的香气成分，按其化学结构分，几乎每类化合物都有。任何一种食物的香气，其成分都不是单一的。

一、烹饪中的调香方法

大部分香气物质都是低分子化合物，沸点很低，易挥发，对热极敏感，受热后不稳定、易分解，大多溶于脂肪，微溶于水。根据这些特性，烹饪中可采取适当的方法，去除原料的异味，提高和增加菜肴的香气，确保菜肴的品质。在烹饪中常用的方法有以下几种。

（一）抑制异味调香

烹饪中的异味，是指原料中本身固有的，或是因腐败变质、加工不当所产生的各种气味，如腥味、膻味、臊味、臭味、苦味、焦煳味。通常采用洗涤、焯水、初加工（除去腥臊部位，如猪腰的腰臊部位、鲤鱼的鱼筋等）、过油等方法消除异味。因为很多异味成分都能溶解在乙醇、乙酸中，在加热过程中随乙醇、乙酸一起挥发而被除去。乙醇还能与某些挥发性的有机酸发生酯化反应，生成有香气的酯类，增强菜肴的香气。在原料烹制的过程中，加入某些调料（如食盐、料酒、香葱、胡椒、花椒、蒜等）同烹，以除去原料异味，并增加菜肴香气。

（二）挥发性调香

在常温下，有些调味品的香气成分能不断恢复，如香油、醋、芥末等。将这些调味品置于冷菜或热菜中，即能增加菜点的香味，尤其是汤菜，淋上香油后，香气四溢，诱人食欲。有些调味品是在加热条件下才能挥发出香气的，如葱、蒜、干辣椒、花椒面等，将这些调料或煸或炝，或用热油浇之，能产生浓郁的香气。具体操作形式：炝锅助香，加热使调料香气挥发，并为油所吸附，以利于菜肴调香；加热入香，在煮制、炸制、烤制、蒸制时，通过热力使香气向原料内层渗透；热力促香，在菜肴起锅前或起锅后，趁热淋或粘撒呈香调料，或者菜肴倒入烧红的铁板内借助热力来产生浓香；醋化增香，在较高温度下，促进醇和酸的酯化，以增加菜肴香气。

（三）吸附作用增香

熏肉、熏鸡、熏鱼等制品，是运用不同的加热手段和熏料制作而成。常用的熏料有锯末、白糖、茶叶、大米、松柏枝、香樟树叶，在加热时产生大量的烟气。这些烟气中含有不同的香味挥发基质，如酚类、醇类、有机酸、羰基化合物等。加热后使熏料冒烟，浓厚的烟将分散到原料表面，少部分被原料吸附，使原料产生香气。

（四）渗透作用调香

香气成分具有亲脂性，香气分子能被油脂吸附，当肉类原料与植物原料共烹时，香气成分能随着油脂渗透到植物原料中去，使植物原料具有肉香味；而吸附于水溶液和油脂中的蔬菜香气分子则依相反的途径渗透到肉中，使肉中具有蔬菜香味。例如，烧、炖、焖、扒、熬等需较长时间加热的菜肴，则为充分利用香味提供了条件。例如，肉类及部分香辛料如花椒、大料、丁香、桂皮等调味料的加热时间应控制在 3h 以内。因为在这个时间内，各种香味物质随着加热时间的延长而溢出量增加，香味也更加浓郁，但超过 3h 以后，其呈味、呈香物质的挥发则趋于减弱。

（五）封闭调香

封闭调香属于加热调香法的一种辅助手段。调香时，呈香物质受热挥发，大量的呈香物质在烹制过程中散失掉了，存留在菜肴中的只是一小部分，加热时间越长，散失越严重。为了防止香气在烹制过程中严重散失，将原料保持封闭条件下加热，临吃时开启，可获得非常浓郁的香气。烹调加工中常用的封闭调香手段有：容器密封，如加盖并封口烹制的汽锅炖、瓦罐煨、竹筒烤等；泥土密封，如制作叫花鸡；纸包密封，如制作纸包鸡、纸包虾仁；面层密封，制作菜肴时可代替泥土密封；浆糊密封，上浆挂糊除了具有调味、增嫩等作用外，还具有封闭调香的功能；原料密封，如荷包鱼、八宝鸭、烤鸭等。

二、菜肴调香工艺的阶段

菜肴的调香工艺分为加热前调香、加热中调香和加热后调香三个阶段。各阶段的调香作用及方法均有所不同，从而使菜肴的香呈现出层次感。

（一）加热前调香

这个阶段的调香目的更多的是和调味一起，赋予原料基础底味底香。另外，有些原料本身带有腥味、膻味、臊味或其他异味，利用加热的调香工艺，可以在一定程度上减少或者消除这些不好的气味。

（二）加热中调香

原料加热中的调香工艺，是菜肴调香工艺的主要阶段，也是形成菜肴基本味型香型的主要阶段。原料加热中调香的作用有两个：原料受热变化生成香气；用调料补充并调和香气。水烹过程的调香，可以在加热中投入调香料；汽烹过程的调香，则需要在蒸制前用调香料腌渍一下，也可以将调香料置于原料之上一起加热；干热烹制的调香，主要是原料自身受热变化的生香。

（三）加热后调香

从严格意义上讲，这个阶段应该属于调香工艺的完善和弥补。人们在长期的饮食加工中发现，有些食材遇热或长时间加热，其香气反而会打折扣，口感也不脆爽，所以要在最后进行香气的修整。例如，冷盘最后淋少许麻油，热菜出锅撒少许葱花，或者干脆来一小味碟，配上陈醋、辣椒、花椒等随菜上桌。

三、菜肴调香工艺的层次

从闻到菜肴香气开始，到菜肴入口咀嚼，最后经咽喉吞入，都可感觉到菜香的存在，菜肴的香可划分为三个层次。

（一）先入之香

先入之香是第一层次的香，即菜肴一上桌，还未入口就闻到的香，它由菜肴中挥发性最大的一些呈香物质构成，主要由加热时的调香所确定。先入之香的浓淡，在香料种类确定之后，主要取决于香料用量的多少和菜肴温度的高低。用量越多，温度越高，香气就越浓；反之，用量越少，温度越低，香气则越淡。

（二）入口之香

入口之香是第二层次的香，即菜肴入口之后，还未咀嚼之前，人们所感到的菜肴之香。它是香气和香味的综合，其香气较之“先入之香”更浓，还有呈香物质从口腔进入鼻腔，更增添了香气。入口之香对于有汤汁的菜肴，主要由炖锅或中途加入香料时溶解于汤汁的呈香物质和主、配料中溶出的呈香物质所构成。对于无汤汁的菜肴，则主要由原料表面带有的（包括吸附的）各种呈香物质构成。

（三）咀嚼之香

咀嚼之香为第三层次的香，即在咀嚼过程中感觉到的香味，它一般由菜肴原料的本香和热香物质，以及渗入原料内的其他呈香物质（包括调料和其他主、配料的呈香物质）所构成，其中以原料的本香和热香为主。咀嚼之香，对菜肴的味感影响较大。自身又受到菜肴质地的作用，是香、味、质三者融为一体的感觉。它的好坏与原料的新鲜度和异味的清除程度密切相关。

菜肴香气的 3 个层次虽然存在，但是在食用时，它们之间并没有绝对的界限，而是彼此交错、重叠，并连续平滑过渡。在调香时，根据原料的性状和菜肴的要求，正确选用香料，合理运用调香方法，并与调味和烹制默契配合，才能使菜肴的香味协调统一，又富于层次感。

讨论题

1. 举例说明来源于发酵过程的香气。
2. 如何理解调料调香的原理？
3. 不同原料加热过程形成的香气都有哪些？
4. 烹饪中调香的途径有哪些？

阅读引导

1. Damodaran S, Parkin KI, Fennema OR. 2013．食品化学［M］. 4 版．江波，杨瑞金，钟芳，等译．北京：中国轻工业出版社

该书系统地介绍了水和冰、碳水化合物、脂类、氨基酸和蛋白质、酶、维生素、矿物质、着色剂和色素、风味物质及食品添加剂等食品中的重要成分，并分章讨论了宰后肌肉组织的生理变化、采后可食用植物组织成熟后的生理变化、乳和蛋等主要食品原料。

2．毛羽扬．2010．烹饪化学［M］．3 版．北京：中国轻工业出版社

该书主要是把纯粹化学和其他营养化学中一切与烹饪有关的知识同烹饪技艺过程结合起来，从而揭示烹饪全过程的化学基础。具体包括烹饪原料中的化学成分，烹调过程中加入的其他化学物质，食物在烹饪过程中各组成成分的化学变化及其机制，食物进入人体后的消化吸收机制和变化途径等。

3．李刚，王月智．2009．中式烹调技艺［M］．2 版．北京：高等教育出版社

该书主要介绍了鲜活烹饪原料的初步加工，刀工刀法和勺工技术，出肉及整料去骨，干货原料的涨发，烹饪原料的初步热处理，热菜的配菜，火候知识，调味，制汤，上浆、挂糊和勾芡，菜肴的烹调方法，热菜装盘，宴席知识等。

第六章 菜肴型的形成

本章的学习将有助于你回答下列问题：

1. 什么是菜肴造型？
2. 菜肴造型的方式有哪些？
3. 利用原料自然形态造型的特点有哪些？
4. 菜肴造型与器皿搭配时需要注意哪些方面？

菜肴造型是指利用烹饪原料的可塑性及其自然形态，结合刀工刀法和一些相关技法，创造出来的具有一定可视形象的立体图形，表现为菜品的内在气质和外在形态的结合，内在与外在相辅相成，是烹饪艺术的完美表达。

第一节 菜肴造型的基本要求

一、食用为主，造型为辅

我国菜品制作有其独特的表现形式，它通过厨师精巧灵活的双手经过一定的工艺造型而完成。菜肴是专供食用的，通过一定的艺术造型手法，使人们在食用时达到审美的效果，食之觉得津津有味、观之又心旷神怡。食用与审美寓于菜肴造型工艺的统一体之中，而食用则是它的主要方面。在创作造型热菜时，必须正确处理两者之间的关系。过分追求精雕细琢、杂乱无章、华而不实的菜点都将丧失最基本的食用价值，无论菜的形式如何变化，都不能脱离以食用为本的原则。以食用为主，造型为辅，使之各呈其美的造型菜点，才是人们真正追求的饮食内容，这样的菜点才具有生命力，才能可持续发展。

二、营养与美味兼顾

菜肴造型的形式美是以内容美为前提的。人们品评美食，开始或不免为它的色彩、形态所吸引，但真正要评美食的真谛，又不总在色、形上，这是因为饮食的魅力在于营养与美味。在菜品造型工艺中，要注意营养平衡第一，美味第二，营养与美味相结合。不能一味地为了造型、配色，而添加或产生一些对人体有害的毒素。

三、质量与时效应迎合市场需要

菜肴造型要保证菜肴的质量。没有质量，就没有生产制作的必要，否则就是一种浪费，不仅是原材料的浪费，也是生产工时的耗费。在保证菜品质量的前提下，还要考虑到菜品制作的时效性。菜肴从制作到食用一般仅有 1～2h，造型的空间也小，范围的伸缩性只能在菜盘中展开，受时间、空间、原料、工具的限制，不宜采用写实的手法。

四、物尽其用，节约用料

菜肴造型要遵循因材制宜、简美大方的原则，用料不要以稀为贵、以贵为好，要提倡粗粮细做，化普通为神奇，做到价廉与物美的有机统一。不能为了美化菜肴而不计成本，浪费许多精选原料。

第二节　利用原料的形态

菜肴的造型，从早期的平面造型到后来的向立体空间发展，不仅越来越美，而且还出现了很多让人惊喜的创意。菜肴造型的艺术形式是多种多样的，有自然朴实之美、绮丽华贵之美、整齐划一之美和生动流畅之美等。

一、自然形态

利用原料的自然形态造型的特点是形状完整、饱满大方。烹调过程中，常采用清蒸、油炸等技法，基本保持了原料的自然形态。采用自然形态进行造型设计的一般原料选材要大小适中、适合菜肴整体造型，一般是利用整鸡、整鸭、整鱼、整虾，甚至整猪、整羊的自然形态及加热后的色泽来造型。这是一种可以体现烹饪原料自然美的造型。例如，"糖醋鲤鱼"就是以自然形态造型的热菜。它是选用鲜活鲤鱼为原料，将鲤鱼剞花刀，腌渍后挂水粉糊放油中炸透，呈昂首翘尾姿态，再将爆炒糖醋汁趁热浇在鲤鱼上。高热的糖醋汁在酥脆的鱼身上翻滚，鲤鱼昂首向上，给人以向上、奋进的感觉。另外，烹饪原料本身体积过小时，加工过程中不宜进行改刀，避免加工后或加热过程中使烹饪原料失去水分、营养等，如墨鱼仔无论是炒制还是制汤，加工过程中均不进行改刀处理，而是洗涤后直接烹制。菜肴"烤乳猪""樟茶鸭""整鱼""整鸡""烤全羊""炸虾"等，应充分利用这些菜肴的自然形态，体现原料本身的固有面貌，装盘时应着重突出形态特征最明显、色泽最艳丽的部位。

二、象形形态

象形造型，通过对食材进行刀工处理、造型，结合多种烹饪技法制成象形菜肴，兼顾营养和口味，力求突出菜肴原料的色泽美和形态美。象形造型可以分为动物类造型（禽鸟、畜兽、鱼类、昆虫等）、植物类造型（花卉、树木、果实、叶类、草类等）、景观类造型（自然景观、人文景观）、器物类造型（花篮、花瓶、彩灯、花盆等）。例如，苏州佳肴"松鼠鳜鱼"将鳜鱼去骨取肉，剞花刀，制成松鼠状后拍干淀粉，结合烹调技法中的油炸造型特征，突出翻卷的鱼肉条与松鼠形、色的相似。"松鼠鳜鱼"的头和尾，仍是鱼的头和尾。而对盘中的这只"松鼠"，食客不仅未觉不真，反而从这道菜的造型"神似"中引发出一些与松鼠有关的联想，产生自然、纯朴、生动、活泼、雅致等情趣，从而得到美感和愉悦。苏州地区最著名的传统名菜"糯米八宝鸭"，以整鸭脱骨技法去鸭骨，要保持鸭皮不破。在鸭腹内放入 8 种馅料（不同菜系的馅料有差异），精工制成葫芦形。鸭肉鲜嫩，馅心软糯、疏散，滋味咸鲜香醇。

第三节　利用切配的方式

刀工与原料的成型和形态变化是一个因果关系，没有刀工就没有烹调中的"型"。刀工决定了料型的变化。原料的刀工成型是指运用各种不同的刀法，将烹饪原料加工成形态各异、形象美观、适合烹调和适合食用的形态。原料形态大体上可分为基本工艺型、花刀工艺型两大类，按照施用刀法不同，每一大类还可分成若干小类。刀工处理主要是为了烹调，但与此同时也形成了不同的原料形态，这对于美化菜肴也起到了一定作用。原料加工后整齐划一、粗细均等、薄厚均匀、长短一致，在形成菜肴后外形整齐、清爽美观。经各种花刀处理后的原料烹调受热后，更能形成多种花型，从而增添菜肴美感。

一、基本刀法

基本刀法是将原料切制成简单形状所运用的最基本的施刀方法。这类刀法多作用于原料所要形成的形状为比较简单的几何形状，如丝、片、条、米、粒、茸等。使用的刀具多为切刀，它按刀面和墩面所形成的角度，又分为直刀法、斜刀法、平刀法。

1. 适用范围

基本刀法的适用范围比较广泛，一般切制刀法适宜于加工无骨的软硬性动物性原料和比较脆嫩的植物性原料。片制刀法多用于有一定韧性的动植物性原料。

2. 操作程序

取料→根据造型的需要和用料性质→施刀→成型。

3. 成型要求

形状大小整齐，粗细、薄厚都要均匀一致，料面平整光滑，形状符合规格要求。

（1）片

片为厚度不超过 0.4cm、薄厚均匀的几何体。一般可采用直刀法中的直切、推切、拉切、锯切，直刀法适用范围较广，特别适合韧性、细嫩的原料，如肉类、蔬菜类。平刀法中的推刀片、滚料片，适用于质地松软或本身形状较为扁薄的原料。斜刀法中的正刀片、反刀片，无论是采用哪种刀法都应先将原料去皮、筋、骨，改成适合切片的形状后再切片。片的形状很多，片的大小、薄厚要根据原料的性质和烹调的要求来确定。例如，氽、熘类菜肴的片要薄些，爆、炒类菜肴的片则可稍厚，质地松软易碎烂的原料，如鱼片、豆腐片需要厚些，质地较硬带有韧性的原料，如牛肉片、羊肉片、猪肉片、笋片等，则宜稍薄。具体规格参阅表 6-1。

表 6-1　片的规格

名称	成型规格	成型方法
柳叶片	长约 6cm，宽约 1.5cm，厚约 3mm	将长圆形原料顺长切下 1/4，将这 1/4 的原料横放在墩上，再斜切，就成了薄而窄长的弧形片，形似柳叶
骨牌片	长约 6cm，宽约 3cm，厚约 2mm	先将原料切成正方形厚块，再切成薄片
菱形片	长轴约 5cm，短轴约 5cm，厚约 2mm	如切黄瓜片，先将原料顺长切成两半，把一半黄瓜横放在菜墩上，截面朝下，斜切成斜块，然后再顺长切，即成
指甲片	边长约 1.2cm，厚约 1mm	将圆柱形或球形体原料先纵向一分为二，再顶刀切片
抹刀片	长约 4cm，宽约 2.5cm，厚约 0.2cm	用斜刀片制成片

（2）块

块是原料截面上下、左右边长之间长度相差很近，大小适宜的一种几何体。将原料加工成块，一般采用直刀法中的切（无骨原料）、剁、砍（有骨原料）等方法。一般都要先加工成条或段状，块形的大小取决于条、段的宽窄和厚薄的一致。具体规格参阅表 6-2。

表 6-2　块的规格

名称	成型规格	成型方法
大方块	边长大于 3cm 的方块	直切成型
小方块	边长大于 2cm，小于 3cm 的方块	直切成型
大长方块	长约 4cm，宽约 2.5cm，厚约 1cm	直切成型
小长方块	长约 3cm，宽约 1.5cm，厚约 0.8cm	直切成型
劈材块	长约 3cm，宽约 1.5cm 不规则的块	多用刀或手掰制而成
滚料块	分大、中、小，多为长约 2.5cm、宽约 1.5cm 的多楞体	边滚动圆柱形、近球状原料边直切而成
橘子瓣块（梳背块）	半边圆半边直，一边厚一边薄，形似橘子瓣或梳子状。约 3.5cm，背厚约 0.8cm	用斜刀法切制
大象眼块	长对角线约 2.5cm，短对角线约 1.5cm，厚约 1.5cm	形状似大象的眼睛、图形中的菱形。用切的刀法，交叉斜切而成
小象眼块	长对角线约 1.5cm，短对角线约 0.8cm，厚约 1.5cm	
劈柴块	长 1.5～2.5cm	多用于黄瓜、茭白、冬笋一类的原料。先用刀将原料顺长切为两半，再用刀面拍成条形的块，出来的形状厚薄、长短都不一致，就像劈柴一样
排骨块	长 3cm 左右	指剁排骨的形状。后来把凡是像排骨块大小原料的形状也称排骨块，如将白菜切成排骨块。实际上就是不大不小的长方块

（3）段

段就是原料的截面边长 1.2～1.5cm、长度在 4cm 以内的几何体。一般采用切、剁的刀法，先将原料切成长条，再切成段。其规格与形态有大小之别，大段 4cm×1.5cm×1.5cm，小段 3cm×1.2cm×1.2cm。段是条的变化形，比条短粗，有时也指整条鱼的一部分，如鱼中段。在刀法的运用上，段可用直刀法与斜刀法产生，因此分为直刀段与斜刀段两种。具体规格参阅表 6-3。

表 6-3　段的规格

名称	成型规格	成型方法
斜刀段	大段 4cm×1.5cm×1.5cm 小段 3cm×1.2cm×1.2cm	运用斜刀法加工的段，多用于葱、蒜等管状蔬菜。运用反斜刀法加工的段，称“雀舌段”，用于炒、爆菜的辅料料型
直刀段	大段 4cm×1.5cm×1.5cm 小段 3cm×1.2cm×1.2cm	运用直刀法加工的段，多用于柱形蔬菜。在多数情况下，直刀段可再加工成更小料型，一般用法与块同

（4）丝

丝是截面边长小于 0.5cm、长度小于 8cm 的几何体。常用直刀法中的直切、推切，平刀法中的平刀片和推切相结合。先将原料切（片）成较大的片形，再把片形原料在砧板上排成瓦楞形或整齐地堆叠起来，最后用直刀法切成丝。丝有粗细、长短之分，粗细取决于片的厚薄，长短取决于片的宽窄。因此，在切片时就要考虑丝的要求。粗丝，片就要厚一些；细丝，片就要薄一些；长丝，片就要宽一些；短丝，片就要窄一些。具体规格参阅表 6-4。

表 6-4　丝的规格

名称	成型规格	成型方法
头粗丝	长度 5～10cm，截面边长约 0.4cm	切（片）片、切丝
二粗丝	长度 5～10cm，截面边长约 0.3cm	同上
细丝	长度 5～10cm，截面边长约 0.2cm	同上
银针丝	长度 5～10cm，粗细接近头发丝	同上

切什么形态的丝，要根据原料质地和烹调方法的要求而定。一般来说，质地韧性强而坚实或不易破碎的原料加工应细一些；适于滑炒、蒸等烹调方法的应细一些，如鸡丝、姜丝、榨菜丝等；易碎的原料应粗一些，如鱼丝、豆腐丝等；用干煸等烹调方法的应稍粗一些，如“干煸牛肉丝”。

（5）条

条就是原料的截面边长在 0.5～1.2cm 的几何体，是丝的变化扩大形。一般可采用切的刀法，有时也用片与切相结合的刀法。先把原料切成厚片，再根据片的厚度决定条的宽度，片的厚度与条的宽度相等。其规格与形态有粗条、细条之分，粗条的截面边长 0.8～1.2cm，细条的截面边长 0.5～0.8cm。具体规格参阅表 6-5。

表 6-5　条的规格

名称	成型规格	成型方法
大一字条	长约 5cm，粗约 1.2cm	切（片）片、切条
小一字条	长约 4cm，粗约 0.8cm	同上
筷子条	长约 6cm，粗约 0.6cm	同上
象牙条	长约 5cm，横切面约 1cm 的三角形	同上

（6）丁

丁就是原料截面的边长在 0.5～1.5cm 的几何体，是小方块的缩形体。一般可用直切、推切、拉切或剁的刀法。先将原料切成长条，再切成丁。其规格与形态都是正方体，有大、中、小之分，大丁 1.5cm×1.5cm×1.5cm、中丁 1cm×1cm×1cm、小丁 0.8cm×0.8cm×0.8cm。

（7）粒

粒就是原料的形状小于丁、边长 0.3～0.5cm 的几何体。一般采用的刀法可用平刀法、直刀切。先将原料切成薄片，再切成丝，最后顶刀切而成。规格与形态：大粒约 0.5cm×0.5cm×0.5cm、小粒约 0.3cm×0.3cm×0.3cm。

（8）末

从丝状原料上截下的立方体称末。末取自细丝，大小如末，故称末，也可用作肉糜料型，为粗茸。前者适用于肌肉原料，如肉末；后者适用于植物性原料，如生姜末、白菜末等，有锯末之称。多用于馅心、配料料型，若用于制肉糜，则统称为粗茸。

（9）泥茸

泥茸是料型的最小形式，传统上称动物原料是茸，植物原料是泥，一般手触和目视皆无明显颗粒感，又称细茸。泥茸是制肉糜的专门料型，其颗粒越小，与水的接触面越大，亲水性越强，质越细嫩。但吸水量过多，又是造成制茸失败的原因之一。

二、特殊刀法

特殊刀法是指原料在成型加工的过程中对原料进行的一种没有规律的一系列技法。在原料的表面切割成某种图案条纹，使之受热收缩或卷曲成花形的加工。花刀型具有强烈的形式美特点，但本质上不同于雕刻，主要目的是缩短成熟时间，使热渗透均衡，使原料内外老嫩的成熟保持一致，如削、剜、挖、雕、刻、旋、模压等。

1. 适用范围

特殊刀法适用于工艺菜肴中特殊原料形状的加工，如球状、螺丝状、蝴蝶状、寿字状、龙状、龙尾、树叶、天鹅、小型建筑、各种形状的器物等。

2. 操作程序

取料→定型→选刀→构思→布局→施刀→成型。

3. 成型要求

施刀手法要细腻，成型的规格及形态要规范，比例要协调，造型要大方、美观。装饰件的大小形态要与造型菜肴其他部位相协调。常用几种料型的成型规格见表 6-6。

表 6-6　常用料型的规格

类型	具体形状	规格标准	成型方法
球	橄榄状	长轴长约 3cm，短轴长约 1.5cm，呈橄榄状	削、旋、切等刀法成型
	算珠状	长轴长约 2cm，短轴长约 1.5cm，呈算盘珠状	削、旋、切等刀法成型
	圆球状	直径为 1～4cm 的圆球体	削、旋、切等刀法成型
文字	寿字	大小根据具体要求而定	刻制成型
	喜子	大小根据具体要求而定	刻制成型
网	渔网	大小根据具体要求而定	旋、切等刀法成型

三、综合刀法

综合刀法是基本刀法和特殊刀法的综合运用，是对形状加工的最高形式，行业中常称为剞刀法。它是将基本刀法和部分特殊刀法的作用效果表现在原料的表面上，使原料表面呈现出深而不透或透而不断的刀纹，使原料预热后呈现出翻卷自如、层次清晰、造型别致的象形形状。原料成型多为花刀工艺型，如金鱼形、菊花形、麦穗形、灯笼形、蜈蚣形等。

1. 适用范围

适宜于脆嫩的植物原料或韧性的动物性原料的加工，如黄瓜、冬笋、莴笋、腰子、鱿鱼、心管、猪里脊、鸡脯肉、鳜鱼、草鱼、鳙鱼等。

2. 操作程序

选料→构思→布局→定型→改刀→成型。

3. 成型要求

刀纹深度、宽度要均匀一致，刀深不透或透而不断；象形加工时，注意象形的比例，规格要均匀并符合菜肴制作的要求和食用的需要。“炝拌鲜鱿花”，鲜鱿鱼花的大小要比热菜小，以便达到食用的数量；“菠萝鱼”，鱼身要大，但不能过大，以便于成熟入味。

常用的几种花刀成型方法见表 6-7。

表 6-7　常用的花刀成型方法

类型	成型方法	适用原料
菊花形	1．在块形或厚片形原料的表面上，利用斜刀法或直刀法切一条条平行的一字形刀纹，下刀深度为原料厚度的 4/5，或深至表皮层； 2．将原料转换角度，利用斜刀法或直刀法，在第一次改刀的料面上再切一条条平行的一字形刀纹，使两次的刀纹成一定的角度，下刀深度仍为原料厚度的 4/5，或深至表皮层； 3．将原料改切成长 4～8cm 的长方块即成	适于肉质较厚、质地紧密、形体较大的动物性原料或植物性原料的加工制品，如鳜鱼肉、猪通脊、豆腐等
牡丹花形	1．用斜刀法在鱼体的两侧从尾处向头部方向分别相对片成刀底不断的若干料片，下刀的间距为 3～6cm； 2．将每片肉翻开，在其中部深剞一刀，刀深接近鱼皮； 3．挂糊或拍粉油炸即可卷缩成牡丹花瓣形	适于带骨或剔骨的鱼类
柳叶形	1．在鱼的一侧，从头至尾用刀划一刀口，深不触骨； 2．在这一条刀纹的两侧，从头至尾再用刀划成一定斜度的刀纹，呈“柳叶叶脉”状，刀口也要深不触骨； 3．在鱼的另一侧以同样的方法划切刀纹即成	适于整条菱形的鱼类，如武昌鱼等
麦穗形	1．在片形的原料表面上，利用斜刀法或直刀法切一条条平行的一字形刀纹，下刀深度为原料厚度的 4/5，或深至表皮层； 2．将原料转换角度，利用斜刀法或直刀法，在第一次改刀的料面上再切一条条平行的一字形刀纹，使两次的刀纹成一定的角度，下刀深度仍为原料厚度的 4/5，或深至表皮层； 3．将原料改切成长 4～5cm，宽 3～4cm 的长方块即成	适于形体较大、肉质紧密的动物性原料，如鱿鱼、腰子等
荔枝形	1．在片形的原料表面上，利用直刀法切一条条平行的一字形刀纹，下刀深度为原料厚度的 4/5，或深至表皮层； 2．将原料转换角度，利用直刀法，在第一次改刀的料面上再切一条条平行的一字形刀纹，使两次的刀纹成一定的角度，下刀深度仍为原料厚度的 4/5，或深至表皮层； 3．将原料改切成边长 4～5cm 的方块或长轴长 5～6cm、短轴长 4～5cm 的菱形块	适于质地较为紧密、形体较厚的动物性原料，如鱿鱼、腰子、猪肚、鸡肫等

第四节　加热的作用

加热可以改变原料的性质，使其由生变熟，加热是烹调中一种重要的形式。原料在加热过程中往往会产生多种的物理变化和化学变化，通过人为挤压、拉伸、弯曲、扭扯来定型，或加热后用包裹、扣制、加压来定型。通过热处理，不仅使原料成熟，成为一定风味的菜肴，而且使菜肴的形状确定下来。

一、收缩定型

动物性原料（肉）经加热，有多量液汁分离、体积缩小，这是构成肌纤维的蛋白质凝固引起的。首先，肌球蛋白的热凝固温度是 45～50℃；肌溶蛋白的热凝固温度是 55～65℃，肌球蛋白变性凝固再继续受热则发生收缩，肉的持水性降低，其收缩幅度随着温度不同而有一定差异。根据动物性原料加热收缩的原理，经刀工处理过的原料，受热收缩或卷曲变形，形成各种各样的形态，使原料更加美化。将鱿鱼剞成花刀以后能形成麦穗形、荔枝形、金鱼形等，将鱼肉剞花刀以后可以形成菊花、松鼠、玉米、燕子等多种形态。

二、热凝固定型

食物受热后，有些水溶性蛋白质逐步凝固，凝固属于蛋白质变性现象，即蛋白质的空间结构改变，使水溶性蛋白质在热能的传递下，表面蛋白质逐步凝固，形成一定硬度的凝固层。例如，煮鸡蛋时，鸡蛋清就会逐步受热凝固，形成凝固层——熟蛋白。再如，蒸黄鱼，鱼体表面逐步受热，蛋白质凝固形成一定的硬度层，避免了鱼体易碎等现象的发生。有些动物性原料在受热以后，蛋白质变性或凝固，亲水胶体受破坏，失去持水能力而脱水，使组织变得紧密而坚硬，形成固定的形状，便于加工处理。例如，肘子用水加热定型后，再剞象眼花刀，这样原料再加热就不易变形；“回锅肉”制作，先将肉煮一下，就比较容易切成片；“清蒸狮子头”，把调制好的馅料，团成丸子下温水锅氽定型，这样上笼蒸制不容易散开。

三、淀粉理化性质定型

（一）淀粉糊化定型

生淀粉分子靠分子间氢键结合而排列得很紧密形成束状的胶束，彼此之间的间隙很小，即使水分子也难以渗透进去。具有胶束结构的生淀粉称为β-淀粉。β-淀粉在水中经加热后，一部分胶束被溶解而形成空隙，于是水分子进入内部，与余下的部分淀粉分子进行结合，胶束逐渐被溶解，空隙逐渐扩大，淀粉粒因吸水，体积膨胀数十倍，这时候淀粉无法恢复到原有的物理性状。挂糊油炸的烹饪技法的第一次油炸定型就是利用这个原理，如制作“青椒肉段”“糖醋鲤鱼”，将原料腌制入味后挂糊，进行第一次高温油炸定型，待表面变硬后即可捞出进行复炸。原料通过第一次高油温进行油炸基本定型并且几近成熟，二次高温油炸目的是使原料外表面迅速脱水，从而使原料表面或酥脆或更坚挺，达到外焦里嫩的口感，另外是为了使原料表面色泽加重。

（二）淀粉老化定型

经过糊化的α-淀粉在室温或低于室温放置后，会变得不透明甚至凝结而沉淀，这种现象称为淀粉老化。淀粉老化是由于糊化后的淀粉分子在低温下又自动排列成序，相邻分子间的氢键又逐步恢复形成致密、高度晶化的淀粉分子微束。老化的过程可看作糊化的逆过程，但是老化不能使淀粉彻底复原到生淀粉（β-淀粉）的结构状态，它比生淀粉的晶化程度低。老化后的淀粉与水失去亲和力，影响加工食品的质构，并且难以被淀粉酶水解，因而也不易被人体消化吸收。可以利用淀粉老化作用来控制食品加工和烹饪加工过程，如利用淀粉老化来制作粉丝、粉皮和虾片，使产品定型。

四、凝胶定型

许多天然的（生物合成的）或化学合成的亲水性高分子分散在水中能形成水溶胶。食品水溶胶形成的凝胶为物理凝胶。明胶是迄今为止应用的最为广泛的食品水溶胶凝胶。明胶可由动物的结缔组织或表皮组织中的胶原部分水解而获得，具有大分子蛋白的共性，但其分子结构的特殊性又决定了其具有特殊的理化性质。明胶具有一系列优良性能：胶液易成凝胶，溶胶-凝胶随温度升高或降低发生可逆转化，且具有生物相容性、可降解。例如，“水晶肉皮冻”的制作就是利用肉皮中富含胶原蛋白，经过水煮加热使肉皮中胶原蛋白水解生成黏稠的明胶。胶原蛋白不溶于水，其分子结构由三条螺旋形的肽链互相盘绕而成，每条肽链约由1000个氨基酸组成，肽链与肽链之间由氢键连接来加以稳定，需要长时间加热才能将胶原蛋白的结构软化和分解。胶原蛋白分解后不断吸水膨润，最终水解成溶于汤汁中的明胶，使汤汁黏度增大。当温度下降时，明胶凝固成富有弹性的凝胶，凝胶的网状结构使得网眼中的水分子被牢固地保护在其中。

第五节　器皿的搭配

古语曰：“美食不如美器”，充分说明了器皿在饮食活动中有举足轻重的地位。中国饮食器具种类繁多，主要有玉器、金银器、漆器、陶器、瓷器等；造型或清秀大方或玲珑小巧或庄重典雅或富丽堂皇或精雕细琢或简洁凝练或抽象或象形或寓意，可谓千姿百态。不仅如此，中国饮食还讲究“因食施器”，不同的食物，配以不同的器具，既方便实用，又相互映衬、相得益彰。清代文人袁枚曾提出，在食与器搭配时，“宜碗者碗，宜盘者盘，宜大者大，宜小者小，参错其间，方觉生色。”“大抵物贵者器宜大，物贱者器宜小；煎炒宜盘，汤羹宜碗；煎炒宜铁铜，煨煮宜砂罐。”

对于盛装器皿的挑选，虽然并无硬性的规定，但是，必须符合器皿使用的美学原则，必须结合制品的形态、色泽、大小、多少、寓意及整体构思，达到配套、一致、协调、美观的效果。

一、盛器大小的选择

盛器大小的选择是由菜点品种、内容、原料的多少和就餐人数来决定的，一般大盛器的直径可在50cm以上，冷餐会用的镜面盘直径甚至超过了80cm。小盛器的直径只有5cm左右，如调味碟等。大盛器自然盛装的食品多，可表现的内容也较丰富。小盛器盛装的食品自然也少些，表现的内容也有限。因此，想要表现一个题材和内容丰富的菜点时，应选用直径在40cm以上盛器。例如，工艺热菜“双龙戏珠”，在盛器的选择上要充分考虑盘面的空间，造型时才能将威武腾飞的气势充分地展现出来。对于整只烤鸭、烤乳猪、烤全羊、澳洲龙虾等大型原料，必须选用与菜肴相适的盛器，这样才能充分展现原料自然美的形态特色，并且可以配上点缀的辅料，增加菜肴的视觉美感。

二、盛器造型的选择

盛器的造型可分为几何形和象形两大类。几何形的一般多为圆形和椭圆形，是酒店日常使用最多的盛器。另外，方形、长方形和扇形是近年来使用较多的盛器。象形盛器可分为动物造型、植物造型、器物造型和人物造型。动物造型有鱼、虾、蟹和贝壳等水生动物造型，也有鸡、鸭、鹅、鸳鸯等禽类动物造型，还有牛等兽类动物造型和龟、鳖等爬行动物造型，也有蝴蝶等昆虫造型和龙、凤等吉祥动物造型。植物造型的有树叶、竹子、蔬菜、水果和花卉造型。器物造型有扇子、篮子、坛子、建筑物等造型。人物造型有福建名菜“佛跳墙”使用的紫砂盛器，在盛器的盖子上塑了一个生动有趣的和尚头像；还有民间传说中的八仙造型，如宜兴的紫砂八仙盅等。

盛器造型的主要功能就是能点明宴席与菜点主题，以引起顾客的联想，达到渲染宴席气氛的目的，进而增进顾客的食欲。因此，在选择盛器造型时，应根据菜点与宴席主题的要求来决定。例如，将“糟熘鱼片”盛放在造型为鱼的象形盆里，鱼就是这道菜的主题，虽然鱼的形状看不出了，但鱼形盛器将此菜是以鱼为原料烹制的主题给显示出来了。再有将“蟹粉豆腐”盛放在蟹形盛器中，将虾胶制成的菜肴盛放在虾形盛器中，将蔬菜盛放在大白菜形盛器中，将水果甜羹盛在苹果盅里等，都是利用盛器的造型来点明菜点主题的典型例子，同时也能引发食用者的联想，提高了食用者的品尝兴致。在喜庆宴会上，将菜肴“年年有余”（松仁玉米）盛装在用椰壳制成的粮仓形的盛器中，则表达了宴席的主人盼望在来年再有个好收入的愿望。菜点盛器造型的选择是要根据菜点本身的原料特征、烹饪方法及菜点与宴席的主题等来决定的。

三、盛器材质的选择

盛器的材质种类繁多，有华贵靓丽的金器银器、古朴沉稳的铜器铁器、光亮照人的不锈钢；也有散发着乡土气息的竹木藤器；有粗犷豪放的石器和陶器，也有精雕细琢的玉器；有精美的瓷器和古雅的漆器，也有晶莹剔透的玻璃器皿；还有塑料、搪瓷和纸质等。盛器各种材质的特征都具有一定的象征意义，金器银器象征荣华与富贵，瓷器象征高雅与华丽，紫砂、漆器象征古典与传统，玻璃、水晶象征浪漫与温馨，铁器、粗陶象征豪放，竹木、石器象征乡情与古朴，纸质与塑料象征了廉价与方便，搪瓷、不锈钢象征了清洁与卫生等。

设计仿古宴席，除了要选用与那个年代相配的盛器外，还要讲究材质的选择。例如，“红楼宴”与“满汉全席”虽然时代背景都是在清朝，但前者是官府的家宴而后者是宫廷宴席。“红楼宴”盛器材质的选择相对要容易些，金器银器、高档瓷器、漆器陶器等，只要式样花纹符合那个年代的风格即可使用。而“满汉全席”在盛器材质的选择上相对要严格些，盛器不论是真品还是仿制品，都必须要符合当时皇宫规定的规格与式样。再如，设计中国传统的药膳宴席时，盛器则可选用江苏宜兴的紫砂陶器，因为紫砂陶器是中国特有的，这就能将药膳的地域文化背景烘托出来。还有在设计地方特色的农家宴、太湖渔家宴、东北山珍宴等时，则可选用竹、木、藤器，以及家用陶器、砂锅、瓦罐等，以体现出当地的民俗文化，使宴席充满了浓浓的乡土气息。

四、其他方面的选择

盛器的选择还包括对颜色与花纹的选择和对功能的选择等。盛器的颜色对菜点的影响也是重要的。一道绿色蔬菜盛放在白色盛器中，给人一种碧绿鲜嫩的感觉；而盛放在绿色的盛器中，这样的感觉就平淡多了。一道金黄色的“软炸鱼排”或雪白的“珍珠鱼米”（搭配枸杞放在黑色的盛器中），在强烈的色彩对比烘托下使人感觉到鱼排更加色香诱人，鱼米则更晶莹透亮，食欲也为之而提高。有一些盛器饰有各色各样的花边与底纹，如运用得当也能起到烘托菜点的作用。中国烹饪代表团赴卢森堡参加世界杯烹饪大赛时，参赛者选用了一套镶有景泰蓝花边的白色盛器，这套高雅精致的盛器体现了中国瓷器的风格，菜肴显得更加靓丽诱人，获得良好的效果。除此之外，在大型宴会中为了保证热菜的质量，就要选择具有保温功能的盛器。有的菜点需要低温保鲜，则需选择能盛放冰块而不影响菜点盛放的盛器。

讨论题

1. 以原料自然形态进行菜肴造型的必备条件是什么？并列举菜例。
2. 菜肴工业化、标准化是否也要考虑到造型？
3. 俗语讲“美食不如美器”，菜肴造型依靠器皿提升档次是否可行？

阅读引导

1. 郑昌江，张传军，杜险峰. 2011. 中式烹调工艺［M］. 北京：科学出版社

《中式烹调工艺》“以岗位为切入点，以模块式为表现方式”，紧密结合餐饮企业的工作实际，全面阐述了中餐厨房岗位的分工情况及各岗位所需的专业知识与技能。《中式烹调工艺》共分六章，分别叙述了水台岗位、砧板岗位、上杂岗位、合台岗位、炒锅岗位和凉菜岗位的职责、知识与技能要求，并针对各个岗位工作的任务，将烹饪理论知识与技能进行了重新组合。《中式烹调工艺》的岗位分工细致，职能阐述清晰，知识与技能结合紧密，突出了模块式的教材体系，并辅以工艺流程和图例，增强了教材的实用性、针对性、选择性，有利于培养应用型人才。

2. 杨铭铎. 2007. 饮食美学及其餐饮产品创新［M］. 北京：科学出版社

《饮食美学及其餐饮产品创新》立足时代大背景，以马克思主义哲学、美学、创新理论以及管理学等基本理论为基础，首先从饮食美学内涵和餐饮产品创新内涵的界定入手，研究饮食美的本质论，阐述饮食美的概念内涵，完善了饮食美的形态论，对饮食美感进行综合研究；以饮食审美活动中代表饮食主、客体交互作用产生的饮食美感为依据，提出饮食美学基本范畴；深入分析饮食活动实际过程的饮食美产生与发展的动态机制。此后，基于饮食美学理论，突出餐饮企业综合产出——产品，着眼餐饮企业产品创新的系统过程。从主体系统、客体系统、支持系统和评价系统进行了全方位的美学渗透，明确了餐饮产品创新的理论根本和发展方向。

3. 杨国堂. 2008. 中国烹调工艺学［M］. 上海：上海交通大学出版社

《中国烹调工艺学》阐述烹饪技艺理论及实际操作步骤、要点及工艺流程。全书共10章，分别叙述中国烹调工艺学研究的对象、原料的选择与清理加工工艺，干制原料选择与涨法加工工艺，原料分解优化加工工艺，风味调配工艺，预熟及制熟工艺等。全书语言简练，注重实践性操作的知识点的把握。尤其是第10章熟制加工工艺流程，以菜例配合图解，增强了教材的可操作性。

4. 冯玉珠. 2007. 烹调工艺学［M］. 2版. 北京：中国轻工业出版社

《烹调工艺学》以科学发展观为指导，以市场为导向，以行业适用、必需、够用为基础，紧紧把握高等职业教育的可操作性和实用性等特点，突出技能训练、重视素质培养。该书是结合近年来我国烹调工艺学理论与实践的发展变化，以及高等职业教育教材改革创新的理论，根据中式烹调师职业岗位任职要求和烹调师国家职业资格标准（2006），与行业、企业共同研发的紧密结合烹调工艺实际的专业教材。

第七章　菜肴质地的形成

本章的学习将有助于你回答下列问题：

1. 什么是菜肴的质地？
2. 菜肴质地感是如何形成的？
3. 刀工的基本要求有哪些？
4. 干货涨发的方法有哪些？
5. 加热对菜肴质地的影响有哪些？

第一节　菜肴质地概述

一、质地的概念

质地一词比较难定义，因为不同的人有不同的理解，不同领域有不同含义。在对食品质地的理解方面有一个历史发展过程。质地开始使用于食品领域时，通常是用来描述某些食品的特定性质。例如，1937 年，Davis 用质地一词描述干酪的孔眼、密实性、易碎性等方面的性质；1957 年，Ball 等将肉的质地分为“视觉质地”和“触觉质地”，前者是指用肉眼可以看到的肉的宏观状态，后者是指用口腔感觉到的光滑性、细腻度等。这些早期质地定义只是针对个别食品而言的，不具有普遍性。当然，现在仍然有人认为质地一词对于不同的食品，其含义是不同的。尽管如此，目前普遍认为，质地一词适用于所有食品，并且具有一致的含义。

在中国汉语词典里，对质地的解释是简单而明确的，指的是“物质的性质和结构，有时也用来形容人的品性”，将质地一词运用于菜肴，是综合考虑到菜肴本身的物质形态对菜肴的影响。中式菜肴因其长久的历史积淀，对菜肴的色、香、味、形有着非同一般的要求，饮食的目的不仅仅是生理需求，对其心理需求和社会需求有更多体现，无论是菜肴的原始态，还是菜肴的相变态，都或多或少地和原料质地、成品质地产生关系。质地一词用来表明菜肴的一个重要属性，是非常合理和准确的。

菜肴的质地是和触觉相关的，人们在获取菜肴的物质结构时，往往需要依赖人体触觉器官的判断和识别，手和口分别担任着这样的角色，只是，手往往处在饮食的起端，而口则在饮食终端，这也是人们习惯将菜肴质地和口感紧密联系甚至是等同看待的原因。

但是，菜肴质地并不能构成人体感官的应激反应，要达到感官上的可知程度，需要进一步的判断和验证，如用手去触摸、用口去咀嚼和品味，以达到对菜肴物质结构的深层次探究，这样一个完整的过程，才能实质性地完成对菜肴的感官反应，即人们常说的“菜肴的质感”。所以，菜肴的质地和菜肴的质感是处在高低层面的两种形态，前者更多地体现物理形态，后者则体现心理形态，并非一个概念。值得一提的是，触觉感受能鲜明地形成对菜肴质地的探究，视觉感受有时对菜肴质地的判断也起重要作用，如牛奶的浓稠黏滑、巧克力的丝般柔滑，即使不用手和口去触感，原料表面质地的外观本身就足以给人脑传送一个刺激，从而使人得到一种类似触觉的体验，这种用视觉即完成的质地判断，有点类似于语言学里的“通感”手法，已经幻化了触觉和视觉之间的界限，在菜肴质感中，属于非常规的一类。

二、菜肴质地感的形成

菜肴质地的判断，主要靠口腔和手的触觉进行感受。口腔通过咬断、咀嚼、品味、吞咽行为，感受食品软硬、浓稠、酥脆、滞滑感等，会得到一种综合感觉，即“口感”。“口感”包括了食物入口时、入口后、咀嚼前和咀嚼后的 4 种感觉。手或手指也对食物产生类似的触摸感，即“手感”。“手感”与“口感”不同，如肉的“嫩度”“断筋”“化渣”等感受实质上是肉的组织体被人体口腔咀嚼时口腔用力大小和用力状况的综合体现，口腔能够准确地分辨肉的嫩度，但手就差些，因为，手对肉的触摸感缺少像口腔咀嚼、牙齿咬合及舌头搅动的动作感受。

多数情况下，对食物质地的判断是通过牙齿咀嚼和肌肉用力过程感知的，特别是食物的软、硬、韧、脆、酥等与力学有关的机械性能及与体积、结构和表面有关的性能，如松实感、滞滑感、轻重感、流动感等，都可以通过口肌用力、牙齿咀嚼而感受到。门牙的感觉非常敏锐，而后面的臼齿要迟钝得多。牙齿表面的珐琅质并没有感觉神经，但牙根周围包着具有很好弹性和伸缩性的齿龈膜，它被镶在牙床骨上。用牙齿咀嚼食物时，感觉是通过齿龈膜中的神经感知的。因此，安装假牙的人，由于没有齿龈膜，比正常人的牙齿感觉迟钝得多。

口腔和手都能够感受到食物或其组成物料的大小和形状，所以，食物组织的颗粒大小、分布、形状及均匀程度，也是很重要的质构内容。口腔对食物颗粒大小的判断，比用手摸复杂。人口腔识别食物中异物的能力很高。例如，吃饭时，食物中混有毛发、线头、灰尘等很小的异物，往往都能感觉得到。口腔对固体食物的表面会产生光滑感、平凸感，对食物中的液体、半固体状态的油脂也有特定的感觉，分别能够形成“流动感”“黏稠感”“湿润感”“多汁感”“油感”和“油腻感”。

第二节　原料的天然质地

自然界存在的原料种类繁多，这为菜肴制作过程中的原料选取提供了广泛的物质基础。各类原料的生长条件、生长周期的不同，导致它们拥有独特的自然属性，原料的天然质地也因此产生。原料的不同部位及最佳使用时间等的不同，也会产生原料自然属性下质地的差异。

一、生长条件

不同的原料具有不同的组织结构，所含的化学成分也有很大差异，这是菜肴原料本身具有不同质感的本质原因，即使是相同的原料（品种），由于生长在不同的地点、不同的季节，以及成熟度、饲养和种植方法的不同，也会使原料拥有不一样的质地。例如，植物性原料当中的时令蔬菜和反季节蔬菜，即使是相同的品种，其质地差异和口感相差甚大；动物性原料的野生和人工饲养，无论是从质地还是营养价值方面衡量，结果都是相差甚远，野生动物性原料的各方面品质都远高于人工饲养的动物性原料，野味和家畜、家禽质地的差异是由于生长环境和饲养手段差异造成的。由此可见，无论是动物性原料还是植物性原料，产地、生长环境等的不同，都对原料的质地产生很大的影响。

二、生长周期

原料质地的另外一个重要影响因素则是生长周期，生长周期的长短直接影响着原料质地的差异。例如，仔鸡与老母鸡质地的差异就表现在成长周期上，仔鸡的肉质较为柔嫩，烹制时间短，成品滑嫩，极易咀嚼；而老母鸡的肉质紧致，烹制时间较长，成品有较好的弹性，且不易酥烂。再如，绿叶蔬菜，生长周期短的蔬菜质地脆嫩，若生长周期延长，蔬菜就变得有韧性，质地比较柴，也就是我们常说的“老了”。这些差异已经为人们所重视，在菜肴烹调中成为人们首先考虑的因素。

三、不同部位

同一原料选用的部位不同，成菜后的质感也不尽相同。同是猪肉，里脊肉与五花肉的质感区别很大；同是牛肉，牛柳与牛腩相差甚远；蔬菜的叶与茎、根部与顶部质地均有明显区别。

四、原料的最佳使用时间

值得注意的还有原料最佳使用时间的问题。动物性原料在宰杀后其肉类组织会发生一系列的变化，动物经宰杀死亡后，胴体组织开始出现僵直变硬，处在僵直状态下的肉组织，肉质坚硬，弹性差，持水性差，没有自然的鲜美味道，酸度较高，不易加热致熟，营养效价低，因此处于僵直状态的动物肉组织不宜食用。当僵直期过后，到了肉的成熟阶段（也称后熟），肉组织变得柔软多汁，滋味鲜美，营养效价高，便于加热致熟，而且颜色美观，选取这个阶段的动物性原料，将更容易使菜肴获取最佳的质感。植物性原料中有一部分原料，如水果类、根茎类也需在采摘后经过后熟阶段才能达到理想的口感要求和滋味要求，对于绝大部分的植物性原料，则是采摘时间越短，水分含量越大，新鲜度越高，其质地也越好。

第三节　预处理对菜肴质地的影响

菜肴原料在进行烹调前，一般都要进行必要的清理和加工，植物性原料要进行摘剔、清洗，动物性原料要进行拆卸、切割、清洗，干货原料要进行涨发，还有很大一部分菜肴在烹制之前要进行调味、上色处理，这些都会对菜肴的质感形成造成影响。例如，新鲜的植物性原料和经腌制后的植物性原料比较，其脆性、韧性、弹性有较大差异，质感完全改变；动物性原料经腌制后，韧性增加，质地变得坚实，形成独特的风味，较新鲜原料有了不同的质感。原料含水量的多少是影响菜肴质感的重要因素，蔬菜、肉类根据含水量的多少，形成不同层次的质地感受，这为蔬菜肉品的加工提供了方向，人们可以采取适当脱水或补水的方式，使原料在加工阶段即获得期望质地，为成品达到预期质感提供条件。菜肴的质感还可通过机械力加以改变。中式烹饪历来注重刀工，原料的刀工处理是烹调的必要环节，用刀技法高超、娴熟，并有很强的目的性，除了对原料进行拆卸、切配、造型等直接目的外，刀工也影响着菜肴的质地，为菜肴后期质感的形成提供深层次的保障。

一、腌制对质地的影响

（一）腌制的基本原理

腌制的目的是抑制微生物繁殖，提高制品的贮藏性，改善制品的风味、色泽和质地，提高制品的保水性，从而改善制品的质量。腌制具体是指用食盐、糖等腌制剂处理食品原料，使其渗入食品组织内，以提高其渗透压，降低水分活度，并有选择性地抑制微生物的活动，促进有益微生物的活动，从而防止食品的腐败，改善食品食用品质的加工方法。

食品的腌渍过程主要是扩散和渗透的过程。通过盐水和细胞液之间的浓度差，产生扩散现象。微生物细胞是有细胞壁保护和细胞膜包围的胶体状原生质体。细胞壁为全渗透性，而细胞膜则为半渗透性，细胞膜可吸收营养物质、调节细胞内外平衡。由于细胞膜是半透膜，当动植物细胞浸入一定浓度的盐或糖溶液中时，细胞内的蛋白质等大分子营养物质不会渗出，而细胞内的水分则能透过细胞膜渗出，使细胞内的水分活度降低。渗透压是引起溶液发生渗透的压强，等于渗透作用停止时半透膜两边溶液的压力差，溶液越浓，渗透压越大。

（二）腌制剂及其作用

食品的腌制剂主要包括咸味料、甜味料、酸味料、肉类发色剂、肉类发色助剂、品质改良剂、防腐剂和抗氧化剂。每一种腌制剂都拥有独特的作用，它们的最终目的都是改善食品品质。

1）咸味料：首先是咸味料的防腐作用。咸味料的主要配料是食盐，食盐虽不能杀菌，但一定浓度的食盐（10.0%～15.0%）能抑制许多细菌的生长繁殖，因而对制品有防腐作用，腌制过程中食盐的防腐作用主要表现在：食盐溶液具有较高的渗透压，引起微生物细胞的脱水、变形；影响细菌酶的活性，阻碍蛋白质分解酶的作用；钠离子的迁移率小，破坏微生物通过细胞壁的正常代谢；氯离子比其他阴离子更具有抑制微生物活动的作用。此外，食盐的防腐作用还在于氧不易溶解在食盐溶液中，由于缺氧，一些嗜氧性细菌就不易生长繁殖。在腌制时，除了添加食盐外，还添加硝酸盐和亚硝酸盐，它们都能抑制肉中微生物的繁殖，从而达到防腐作用。其次是咸味料的发色作用。肉的红色是由血红蛋白（Hb）和肌红蛋白（Mb）决定的，肉在腌制时会加速血红蛋白和肌红蛋白的氧化，形成高铁血红蛋白（Me+Hb）和高铁肌红蛋白（Me+Mb），肌肉便从深红色变成暗红色或褐色。最后是咸味料的保水作用。Hamm（1957）和 Sherman（1962）认为，钠离子和氯离子与肉蛋白质结合，在一定条件下其立体结构发生松弛，使肉的保水性增强。此外，食盐使肉的离子强度提高，肌纤维蛋白质数量增多，这些肌纤维蛋白质加热变性，将水分和脂肪包裹起来凝固，使肉的保水性提高。

2）甜味料：主要有白糖、红糖、饴糖、还原糖和各种糖浆。其中红糖具有增加色泽的作用，饴糖有增色、护色的作用，还原糖可以防止肉品脱色。糖在腌制过程中水解为酸，降低 pH，使胶原蛋白膨胀和松软，从而使组织状态变得更柔软；糖与亚硝酸盐共存时，盐水产生氢氧化铵，能钝化过氧化氢酶，起到抑制有害微生物的作用。需注意如果含糖量过高会导致发酵和肉的变质。

3）酸味料：主要包括米醋、熏醋、糖醋、人工合成醋。食醋具有较好的抑菌作用；含有多种氨基酸等营养成分；具有去腥解腻、增进食欲的作用；可以提高钙、磷吸收；防止维生素 C 的破坏。

4）肉类发色剂：主要为硝酸盐和亚硝酸盐。毒性主要是亚硝酸盐产生的，过量的亚硝酸盐进入血液后，使正常的血红高蛋白变成高铁血红蛋白而失去携氧功能，导致组织缺氧。

5）肉类发色助剂：主要是 L- 抗坏血酸及其钠盐、异抗坏血酸及其钠盐、烟酰胺以及葡萄糖等，通常用来加速产生并稳定腌肉的颜色。L- 抗坏血酸及其钠盐、异抗坏血酸的作用机制：参与将氧化型的褐色高铁肌红蛋白还原为红色还原型肌红蛋白，加快腌制速度，以助发色；抗坏血酸与亚硝酸盐共同使用，可以增加肉制品的弹性并防止亚硝胺的产生；具有抗氧化作用，有助于稳定肉制品的颜色和风味。

a）烟酰胺助色机制：其与肌红蛋白结合生成稳定的烟酰胺肌红蛋白，使之不被氧化成高铁肌红蛋白。

b）葡萄糖助色机制：具有较强的还原性，可有效防止肉类发色产物一氧化氮肌红蛋白的氧化而使产品过早褪色。

6）品质改良剂：指能改善或稳定制品的物理性质或组织状态的食品添加剂，包括水分保持剂（磷酸盐）、增稠剂和乳化剂。常用的磷酸盐有正磷酸盐、焦磷酸盐、聚磷酸盐和偏磷酸盐等，其中焦磷酸盐最好在腌制后斩拌时加入，要注意控制其用量。磷酸盐的作用机制：提高 pH；增加离子强度；螯合金属离子；解离肌动球蛋白；抑制肌球蛋白的热变性。

（三）常用的腌制方法

不同的食材拥有不同的腌制方法，此外，有一些相同的食材因为成品的要求不同腌制方法也不尽相同。腌制方法的不同对产品品质有着决定性的作用，常用的腌制方法主要有：水果糖制、蔬菜腌制、肉的腌制、蛋类制品。除了烟熏制品基本对质地没有过多影响外，其他几种腌制方法都对制品质地有一定的影响。

1. 水果糖制

糖制主要原理是高渗透压、降低水分活性和起到抗氧化作用。糖制的原料选择一般以新鲜、肉质坚硬、中等成熟度、富含果胶的果品为宜，因其在加工的过程中耐煮制。一般腌制方法分为干盐法和盐水法两种，干盐法适合成熟度高和果汁丰富的果实；盐水法适合未成熟果实或果汁少、肉质致密、酸涩味重的果实。

水果糖制的过程中对质地影响较大的是硬化保脆步骤，硬化保脆的主要目的是提高果肉的硬度，增强其耐煮性。常用到的硬化剂主要有石灰、氯化钙、明矾、亚硫酸氢钙等，因为钙、铝等离子能与果胶酸生成不溶性的盐类，能对细胞起到黏结的作用，使组织硬化耐煮制。硬化处理不当，会生成过多果胶酸盐，或引起部分纤维素钙化，从而降低原料对糖分的吸收，使制品的质地粗糙、品质低劣。

预煮的主要作用是除去黏附的盐及硬化剂；增进成品透明度；排除过多果酸，以免蔗糖过多地转化；增大细胞膜的透性，有利于糖分渗入，使细胞组织软化，质地脆嫩。

糖制步骤主要是加糖腌制（蜜制）、加糖煮（煮制）和煮制与蜜制交叉进行。蜜制适用于组织柔嫩不耐煮的原料，如水蜜桃、枇杷、青梅、杨梅等。采用分次加糖、不加热、逐步提高糖浓度的方法，使糖分扩散入内部组织。蜜制的特点主要有：不加热或加热时间短；能很好地保持原料的色、香、味；维生素损失较少，避免坯料失水干缩；使糖分内外平衡一致。煮制适用于组织较紧密耐煮制的原料，煮制具有加工迅速，色、香、味差，维生素损失较多的特点。煮制分为敞煮和真空煮制，敞煮又分为一次煮制、多次煮制和快速煮制。一次煮制快速省工，但是加热过程中原料易被煮烂，色、香、味差，维生素损失严重，糖分不易达到内外平衡，并且易出现干皱现象。多次煮制中分次煮制的时间较短，原料不易煮烂，糖液浓度逐步提高，糖分能顺利扩散，水分易渗出，原料质地紧密且不干缩。快速煮制是使原料在糖液中交替加热和冷却，加热使原料的细胞膨胀，细胞间隙的空气被赶出大部分；迅速冷却则细胞内部因蒸汽冷凝而收缩，形成暂时真空，糖分得以迅速扩散到细胞内部。真空煮制具有温度低，浓缩快，制品的色、香、味、体积都比较好的特点。

2. 蔬菜腌制

我们常听说的蔬菜腌制品是指新鲜蔬菜经预处理后，部分脱水或不经脱水，用盐、香料、酱、酱油等进行腌制或酱制，使其发生一系列生物化学变化，而制成的鲜香脆嫩、咸淡（或酸甜）适口且耐保存的加工制品。按照蔬菜腌制中是否经过发酵分为发酵型腌制品和非发酵型腌制品，非发酵型腌制品又分为盐渍菜（又称腌菜或咸菜）、酱渍菜（俗称酱菜）、糖醋渍菜、虾油渍菜和糟制品（又称糟菜）；按照蔬菜的原料分，可以将其分为根菜类、茎菜类、叶菜类、果菜类和其他类。

蔬菜腌制的原理主要是利用食盐的高渗透压作用、微生物的发酵作用和蛋白质的水解作用，以及其他一系列生物化学变化，使腌制品得以保存，并具有独特的色、香、味和质感。

腌制可以除去原料的辛辣、苦、涩等不良气味，并且形成独特的风味和色泽，但同时也会使蔬菜失去绿色和脆性，主要是由蛋白质的水解作用、物理吸附作用和一系列生化反应产生的。蔬菜腌制过程中的失脆主要是蔬菜组织中果胶物质的变化引起的，还有细胞膨压和组织变化的原因，果胶物质变化的具体表现为：被自身果胶酶分解为果胶酸或是被有害微生物分泌果胶酶类分解。保脆措施主要有：适时采收、及时加工、抑制微生物活动、保脆剂处理。保脆剂处理的方法：将蔬菜放入含保脆剂的水中适当浸泡；在腌渍液中直接添加保脆剂；在呈微碱性硬度较大的深井水里进行浸泡。常用的保脆剂是含有钙、铝离子的化合物，通常为氯化钙，其用量为菜重的 0.05%，用量过多反而会使制品带有苦味，同时失去保脆作用。

3. 肉的腌制

肉类腌制的目的是防腐、成色，主要作用是提高持水性。防腐作用表现在：调节渗透压、降低水分活度、降低毒性作用、对酶活性的影响、盐溶液中缺氧的影响、硝酸盐和亚硝酸盐抑制肉毒杆菌的生长繁殖。

肉类腌制的方法有干腌法、湿腌法、混合腌制法、注射腌制法。其中干腌法主要是利用渗透和扩散作用，优点是操作简单、营养成分损失少、水分含量低、易于贮藏；缺点是腌制不均匀、失重大、味太咸、色泽较差、盐不可以重复利用。湿腌法主要是利用扩散和水分转移的作用，优点是腌制后肉的盐分均匀、盐水可重复使用、肉质较为柔嫩；缺点是蛋白质流失严重、风味不及干腌法、水分含量高、不易贮藏。混合腌制法是干腌法与湿腌法相结合的一种方法，优点是减少营养成分流失、增加贮藏时的稳定性、防止产品过度脱水、咸度适中；缺点是较为麻烦。注射腌制法分为动脉注射腌制法和肌肉注射腌制法。动脉注射腌制法优点是腌制速度快、出货迅速、成品率高；缺点是腌制的肉必须是血管系统没有受损伤、刺杀放血良好的前后腿，产品容易腐败变质，必须进行冷藏。肌肉注射腌制法的优点是减少操作时间、提高生产效益、降低生产成本；缺点是成品质量不及干腌制品、风味稍差、煮熟后肌肉收缩的程度比较大。

4. 蛋类制品

常见的松花蛋又名皮蛋、变蛋、彩蛋、碱蛋或泥蛋，包括硬心皮蛋（俗称湖彩蛋）、溏心（汤心）皮蛋（俗称京彩蛋）。原料蛋一般选择蛋壳完整、表面呈粉色状、色泽鲜明、碰触声清脆、有沉淀感、无异味的蛋。新鲜蛋触碰时发出清脆的咔咔声，陈蛋响声空洞。

松花蛋制作过程中添加的一些原料，都有着不同的作用。食盐在松花蛋制作过程中起到的作用主要有：可以减弱松花蛋的辛辣味；改善松花蛋的风味；抑制有害微生物的活动和繁殖；促进蛋黄形成溏心，使蛋皮收缩离壳；食盐过多时蛋白的凝固力差，蛋黄发硬；食盐过少，不能起到改变松花蛋风味的作用。茶叶在松花蛋制作过程中起到的作用：茶叶中含有单宁，有助于蛋白的凝固；改善松花蛋的色泽和风味，缓和辛辣味；可以缩短加工时间。松柏枝中含有特殊气味的树脂和芳香物质，有助于改善松花蛋的风味。有的溏心松花蛋会使用黄丹粉（PbO），而硬心松花蛋均不加。黄丹粉的作用主要有：调节碱液渗入蛋白内的速度；使松花蛋的蛋白具有特殊的青黑色；使蛋白质凝固后保持蛋白有一定的硬度，便于剥壳，剥壳后形状完整。草木灰又称植物灰，含有碳酸钠及碳酸钾等成分，起着辅助蛋白质凝固的作用，一般溏心松花蛋不使用。包泥是为了保持松花蛋的质量，防止破损。水（这里一般指沸水）可以杀死蛋中的致病菌；能使混合物更快地分解和融合，以加快对鲜蛋的化学作用；加快松花蛋的成熟。

松花蛋的加工是将鸭蛋放入混合好的原料中，在一定的时间和温度条件下，使蛋的蛋黄和蛋白发生一系列变化成为松花蛋，这一系列变化包括：蛋白与蛋黄的凝固；凝固过程的调控；蛋白与蛋黄的成色；松枝花纹的形成；鲜辣风味的形成。

蛋黄与蛋白的凝固，首先是蛋清稀化，然后凝固，起主要作用的是 NaOH：

$$CaO \xrightarrow{H_2O} Ca(OH)_2 \xrightarrow{Na_2CO_3} NaOH$$

NaOH 溶液浓度达到 0.4%，蛋白质开始凝固；NaOH 通过蛋壳渗入蛋内，使蛋白质变性，发生液化，进而发生凝聚；PbO 促进碱的渗入；制作中应严格控制碱的用量。

溏心皮蛋料液中 NaOH 溶液的适宜浓度在 5%～6%。浓度低于 4%，蛋白变软，弹性不够，蛋黄尚呈液体流质状态，蛋壳易剥碎，皮蛋变质和成熟的时间将延长；超过 6.5%，凝固的蛋白质又会水解液化，蛋黄变硬不能形成溏心，成品辛辣味增大。硬心皮蛋 NaOH 溶液的适宜浓度是 6%～8%。

蛋白与蛋黄凝固过程中的物理化学变化包括化清阶段、凝固阶段、转色阶段和成熟阶段。化清阶段的蛋白从黏稠变成稀的透明水样溶液，蛋黄有轻度凝固，蛋白质的变性达到完全，蛋白质空间结构被破坏，但是一、二级结构未被破坏，这个阶段的含碱量为 4.4～5.7mg/g；凝固阶段是卵蛋白从稀的透明水样溶液凝固成无色或微黄的具有弹性的透明胶体，蛋黄凝固度为 1～3mm，蛋白质二级结构被破坏，亲水性增加，重新聚集，这个阶段的含碱量为 6.1～6.8mg/g；转色阶段，蛋白呈深黄色透明胶体状，蛋黄凝固度为 5～10mm，呈草绿色或墨绿色，蛋白质一级结构被破坏，同时还发生美拉德反应，这个阶段含碱量为 3.0～5.3mg/g，若此时含碱量过高，凝固的蛋白会变成深红色溶液，导致次品；成熟阶段的皮蛋蛋白全部转变为茶褐色的半透明胶体，仍具有一定的弹性，出现松枝状的晶体簇，蛋黄凝固层变为墨绿色或多种色层，中心呈溏心状。

咸蛋的腌制过程是食盐向蛋内进行渗透和扩散的过程。食盐在腌制过程中的作用：降低蛋内水分活度；增加蛋内渗透压，导致微生物质壁分离，抑制蛋内微生物的活动；抑制蛋内酶（蛋本身的酶及微生物所产生的酶）的活性；同蛋内蛋白质结合产生风味物质；使蛋黄产生出油现象。

蛋在腌制过程中的变化主要表现在以下几点：蛋内含盐量增加，蛋白内增幅大，而蛋黄内增幅小；蛋内含水量下降，在渗透压作用下，蛋黄内下降幅度大，蛋白内下降幅度小；蛋白的黏度下降和蛋黄黏度增加，蛋白水样化，黏度降低从而使咸蛋煮熟后，蛋白具有“鲜、嫩、细”的特点，蛋黄由原来的黏稠状变成凝固状态；蛋黄的含油量相对提高，蛋黄内呈结合状态的脂肪游离出来，从而使咸蛋煮熟后，蛋黄“松、沙、油”。此外，蛋的 pH 下降，蛋的风味改变，蛋的重量减轻。

糟蛋是用鸭蛋与酒糟和盐封入缸内糟渍后制成的，分为软壳糟蛋和硬壳糟蛋。糟蛋制作的基本原理是酒糟中的醇和盐，通过渗透和扩散作用进入蛋内，使蛋白和蛋黄发生如下变化：产生芳香的酯类，香气增浓；蛋壳发生变质，脆弱易碎，壳膜分离；醇和盐使蛋白及蛋黄发生凝固、变性；醇产生的乙酸侵蚀蛋壳，使蛋壳溶化变软；醇杀死沙门氏菌。

二、刀工处理对质地的影响

（一）刀工的基本要求

刀工技术的优劣，直接影响菜肴的色、香、味、形及菜肴质量，烹制菜肴需要保证其质地一致，否则，便会有酥烂生脆不一、老嫩不均的口感。经过高超的刀工技术能促使菜肴原料在加热过程中受热均匀，有利于调味，更好地改善菜肴形状，提高菜肴价值，引起食欲，促进消化。使肉类菜肴软嫩适口，易于咀嚼和消化吸收，是厨师和食客共同追求的目标。

1. 掌握原料特性

在改切原料时，应了解加工对象的质地、老嫩、纹理走向。原料特性不同，刀工处理的要求也不同。就肉类而言，筋少肉嫩易碎的应顺着纹理走向切，筋多质老的要顶着纹理走向切（即刀纹与肉料纹理交叉角度近似于 90°），质地一般的要斜着纹理走向切（即刀纹与肉料纹理交叉角度大于 0°、小于 90°），只有这样，烹制出来的菜肴才能达到要求。

2. 与烹调方法相适应

烹制菜肴的方法很多，一定的烹调方法，要求刀工处理后的原料形状与之相适应。例如，炒、熘、爆等烹调方法，所用的火力大、操作迅速、时间短，成品要求软嫩，原料应切得薄一些、小一点、细一点，反之就不易成熟。炖、焖、煨等烹调方法，所用火力较小，烹调时间较长，成品要求酥烂入味，原料就要切得厚一点、大一点，否则就容易在烹制中出现碎烂现象，既影响菜肴外形，其成品率也随之降低。

3. 改刀后原料整齐均匀

刀工处理后的原料，无论是丝、丁、条或是片，都要求切得均匀、长短相等、大小一致，这样才能使菜肴的色、香、味、形和成品菜肴质地俱佳。如果切得不均匀，烹调时不易掌握火候，造成细薄的入味先熟，粗厚的乏味后熟，等到粗厚的熟透时，细薄的已经质老、散碎，甚至烧焦，使菜肴颜色、滋味、质地和营养素都受到不同程度的影响。

（二）常见的刀工方法

精良的刀工，并选择正确的刀法也是保证菜肴质感的条件之一。烹调过程中，经常运用刀工技术对各种原料进行加工处理，如采用切、剞、捶、拍、剁等方法，使肌肉纤维组织断裂或解体，扩大肉的表面积，从而使更多的蛋白质亲水基团暴露出来，增加肉的持水性，再行烹制，即可取得良好的质感。

1. 切

切，是烹饪活动中使用最多的刀法。看似简单的操作，其实里面的学问很多，不同的原料，切法也是不同的。例如，直切适用于青瓜、莴笋、冬笋等质地脆嫩的原料；拉切适用于质地坚韧，不易切断切齐的原料；锯切适用于质地松散的原料；铡切适用于带壳的、体积小的、形圆易滑的、略带细小骨头的原料。在运用切法时，由于原料质地不同，切出来的形状也大不相同：韧性的原料，要切薄、切细、便于咀嚼；软性的原料，要切厚、切粗、避免碎烂；有纤维纹路的原料，要根据不同性质，采用顺切、横切、斜切等不同切法，既要切散原料的纤维组织，便于咀嚼，又要保持切后形状完整，有利于菜肴造型。

2. 剁

剁，也是烹饪活动中常用的一种刀法。剁的时候可以采用刀口剁和刀背剁两种方法。“剁椒鱼头”这道著名菜肴中的“剁”，就是采用刀口剁的方法将原料剁碎。一般来说，辣椒之类的青菜，猪肉、鸡肉、牛肉等禽畜类原料，都经常采用刀口剁的方法。因为这些原料含有筋络和纤维组织，只有用刀口剁的刀法，才能将筋络和纤维组织完全破坏。

与锋利的刀口不同，刀背是厚厚的，但它也有独到的用处。虾仁制成虾胶，需要剁。这里的剁分为两步：第一步，用刀口将虾仁切碎；第二步，用刀背将虾仁剁碎。因为虾仁肉质纤维细嫩，只有用刀背剁，虾胶才更爽滑。刀背剁，主要用于泥茸的加工。泥茸在高档菜肴中占有举足轻重的地位，是经常使用的精制半成品。泥茸不仅适应氽、蒸、煮、贴、卷等多种烹调方法，也不受原料限制，易于搭配，可随心所欲制成花鸟鱼虫和花纹图案，使菜肴造型美观，增加花色品种。泥茸的吸色力强，可以染上各种颜色，增加菜肴美感。利用泥茸烹制的菜肴，质嫩味鲜、营养丰富、易于人体吸收。

泥茸应新鲜、细嫩、无筋、无骨、无皮、无膜、无异味、吸水力强。刀背剁是加工泥茸的最好方法，其好处在于：①能进一步破坏肌肉纤维组织，使肉变碎；②能使原料蛋白质析出较多的肌球朊，使泥茸增加黏性，更加细腻，从而提高泥茸吸水能力，更加软嫩；③易于原料的翻折铲起，拣出筋膜，制鱼茸时还能拣出小刺；④能防止砧墩木屑脱落，混入泥茸内；⑤起刀快而省力，能加快剁的速度，缩短加工时间，减轻劳动强度。

剁制成馅，好处有很多：有利于原料的合理及综合利用，物尽其用；有利于破解肌肉纤维组织和结缔组织，缩短烹制时间，促进人体吸收；有利于馅料与配料均匀地融为一体，并在加热后溢出汁液，产生复合性美味，增加菜肴特色。剁制馅料，通常以肉馅居多。肉馅对菜肴质量影响很大。有经验的厨师主张肉馅“细切粗剁”。粗剁，就是不能把肉剁得过于细腻。这是因为，过于细腻的肉馅，质地发硬，口感发柴，达不到“软嫩爽口”和“滋味鲜美”的效果。剁得均匀适当，并不是剁得越细越好。剁虾茸，就不宜剁得过于细腻，否则会失去鲜嫩爽口的特色，变得柴老发硬，真味走失。

3. 剞

剞与切、片相比，虽然在运刀方法上基本相似，但它们之间有着明显的区别。剞刀时，不完全将原料断开，而是根据原料成型的要求，在刀进深到一定程度时停刀。剞是一种“不切开，不片断”的特殊刀法。

剞刀法技术性强，艺术性高，操作精细且难度较大。因此，能更完美地体现中餐刀工作用：成型整齐均匀，美化菜肴形态，适应烹调要求。具体来说，剞刀法有以下优点：①成熟快。原料剞入花刀，是一种物理形态的改变，它能增大原料的受热面积，尤其是形体较大的原料。剞入花刀后，看似整体，实则如丝、如粒。这样，加热后熟得快，适应快速烹调技法的要求，能缩短烹调时间。②入味匀。原料剞入花刀，组织细胞破裂，会渗出很多汁液，从而增加菜肴的风味，又易于吸收调配料的色泽和滋味，入味快而均匀，成菜味道适口。③易于挂芡。原料剞入花刀，表面出现皱纹，变得粗糙，烹制时易于粘挂芡汁。④增加菜肴品种。腰子、鱿鱼、鸡胗、肚头等韧性原料，经过剞进行刀工美化，再经加热卷曲成各种美丽的花纹，使同一原料出现不同形状，从而增加菜肴品种。⑤菜肴名称典雅优美。原料剞入花刀，经过高温加热，就会失水，造成肌肉纤维急速收缩，从而卷曲成形态各异、形象逼真的花纹。据此命名的菜肴，菜名典雅优美，如“葡萄鱼”、“菊花鱼”、“爆炒墨鱼花”等。⑥便于食用。剞入花刀后，原料缝隙较多，便于就餐者夹持，食用方便。

在长期运用剞刀法的实践中，厨师们创造和积累了许多经验：①鱼的腹部不能剞花刀。鱼的腹部肉质浅薄，腹内空荡，如果剞上较深的花刀纹，加热时肉质失水收缩，鱼腹部会从刀口处裂开，出现空洞，破坏鱼体的完整和形态美观，影响成菜质量。②鱿鱼、猪腰子要从里面剞花刀。这是因为里面的肉质软嫩，皮面光滑平整，韧性较强，剞刀时易于掌握刀口深度，防止碎断，而且加热收缩后易于卷曲成型。如果在皮面剞刀，则不易卷曲，影响菜肴质量。

第四节　加热对菜肴质地的影响

一、水传热对菜肴质地的影响

水传热热处理的方法有很多种，每一种操作方法都有其科学原理。例如，焯水是将固体物料在水中短暂加热的一种方法。水为传热介质和溶剂，原料中水溶性异味成分能更好地溶于热水，不良气味成分在升温后也容易挥发逸出。冷水下料的焯水适用于体大、腥味重的动植物原料，因为缓慢加热，可以有更多渗透和扩散时间使原料内部的异味成分充分溶出；沸水投料为快速加热，原料蛋白质在短时间内变性凝固。对于动物性原料，沸水投料可保持嫩度，去掉腥膻气味。对于植物性原料，焯水可以排除空气、钝化酶、防止酶褐变、保持鲜艳的色泽，因为抗热性较强的氧化还原酶在 75℃左右短时间内会失去活性。焯水后，果蔬体积适度缩小，组织变得适度柔韧。对于苦涩味、辛辣味或其他异味重的原料，经过焯水处理可适度减轻，有时还可以除去一部分黏性物质、可溶性含氮物质，提高制品的品质。适合于肉类嫩化的蛋白酶应具有较高的耐热性，这是因为嫩化作用主要发生在当肉类被烧煮，温度逐渐升高，而酶还没有完全失活这个阶段。烧煮的高温能导致肉类结缔组织中胶原蛋白和弹性蛋白变性，而蛋白酶较易作用于变性的蛋白质。

（一）水传热热处理的原理

水作为传热介质主要以热对流的方式传热。水是最为清洁和经济的传热媒介，水的物理化学特性是无色、无味、透明，常温下为液体。水的沸点较高，在常温常压下，沸点为 100℃，借助压力容器使压力大于 1 个大气压时，沸点会上升，如在烹调中使用高压锅煮动物的筋和骨，可提高温度，缩短烹调时间。

即使在常压下，剧烈的沸腾温度也要高于 100℃，为 100.4～100.8℃，即液体的沸腾温度高于相应压强下的饱和温度，剧烈沸腾的水，以对流为主要传热方式，对流换热系数增大，能从热源吸收更多的热量传递给受热原料，使原料快速成熟，减少原料中水分的蒸发，使质感鲜嫩。

微沸的水温度为 100℃，单位时间内传热量少，加热原料时间较长，使原料分子间的键断裂形成软烂的口感。

因此要想形成鲜嫩的口感，在运用火候时应使用旺火沸水短时间加热，如焯蔬菜等。要想形成软烂的口感，在运用火候时应使用中小火微沸长时间加热，如卤制品的制作。

（二）水传热热处理的方法

水加热初步热处理方法是最常用的热处理方法，通常根据加热温度、时间的不同，处理方法不同，主要介绍冷水初步热处理法和沸水初步热处理法。

1. 冷水初步热处理法

冷水初步热处理法即将洗净的原料投入冷水锅中和冷水同时加热，通过加热升温使水沸腾或沸而不腾，从而使原料最终成熟的方法。

冷水初步热处理法主要适用于腥膻等异味较重、血污较多的动物性原料，如牛肉、羊肉、肠、肚、肺等，原料在水中缓慢加热，可以有更长的时间使内部的腥膻异味及血污溶出。如用沸水加热，会使原料外部的蛋白质迅速凝固，形成一层屏障，使内部的异味及血污不易排出而影响半成品的质量。

竹笋、芋头、土豆、山药、萝卜等植物性原料适用于此法，因为这些原料中含有的苦、涩味，只有在冷水中，通过逐渐加热才能使其充分溶于水中得以消除。

同时这种方法也适用于对较大块型的原料的加热，通过缓慢加热可以使原料内外成熟时间一致，可避免因水温过高，加热过快出现外烂内不熟的现象，并且可以节约能源。

使用冷水加热时，锅中的水量一定要多，必须浸没原料。加热过程中要不时翻动原料，使原料每一部分都要受热均匀。加热中产生的浮沫一定要撇净，保持原料干净。加热还要根据原料性质、切配大小和烹调要求，掌握加热时间，防止欠火或过熟。

2. 沸水初步热处理法

沸水初步热处理法是先将锅中的水加热至沸腾，再放入原料，旺火快速加热，使原料短时间内成熟的方法。

沸水初步热处理法主要适用于需要保持鲜艳色泽、脆嫩质地的植物性原料，如菠菜、芹菜、蒜薹、油菜等原料。这些原料体积小、叶绿素丰富、易于成熟，如果冷水下锅，加热时间就会过长，原料中的色素就会遭到破坏失掉鲜艳的色泽、脆嫩的质地和营养物质。所以必须在水沸后下锅，沸水加热可以迅速破坏氧化酶的活性，排除细胞中的空气，减少氧化机会，减少维生素 C 的损失。

对于腥、膻、臊味较小的动物性原料，如鸡、鸭、猪、鱼等原料下入沸水锅中稍烫，便能除去血污，减轻腥臊异味。另外沸水可以使其表面蛋白质迅速凝固，阻止了可溶性蛋白质溶入水中，同时还可以减少肌红蛋白质溶入汤中，保持肉汤清澈透明，而且由于水的温度较高，加热时间无需过长，可保持原料的嫩度。

使用沸水加热时，火要旺，水量要充足，一次下料不宜过多。原料加热时间要短，尤其是绿叶蔬菜，容易变色的蔬菜焯水后要立即用冷水冲凉。

二、油传热对菜肴质地的影响

油加热初步热处理是以油为传热介质，将初步加工的原料，在不同油温的油锅中加热使原料脱去部分水分或经化学反应使原料上色增香或增强质感的热处理方法。

（一）油传热热处理的原理

油的传热方式与水相似，其静止时，由于油的热导率比水小，则传热速度与散热速度都小于水。在烹饪中的热油封面、明油亮芡都利用了这一特性，对菜肴起较好的保温作用。但在加热后油分子的激烈运动使油脂在温度与温速上都大大超过了水，这是因为油的比热容小于水的比热容［水的比热容为 4.184J/（g·K）］，吸收相同热量的情况下，油升温较快。

油的比热容一般为 1.97J/（g·K），随着温度的增高略有增加，但增加的幅度不大。沸点高，一般可达 200℃以上，由热容量的公式可知，它可以储存很高的能量，促使原料很快成熟。另外，油的沸点比水高，如牛油为 208℃，猪油为 221℃，豆油为 230℃。油具有温域宽的特点，为 0～200℃（甚至更高）。这样宽阔的温度区间在烹调时可以自由选择，使菜肴形成不同的风格特点，如软嫩、酥脆、外酥里嫩、外脆里嫩等。具体加工原则如下。

1）要形成软嫩口感的菜肴，运用火候时应注意用低油温（60～100℃）短时间加热原料，如“滑炒鱼片”“芙蓉鸡片”的制作。

2）要形成酥脆口感的菜肴，运用火候时应注意用中油温（150℃左右）处理，根据原料性质、大小确定加热时间，使原料中的水分蒸发出来。温度过高，容易使原料外表炭化，里外质感不一；温度过低，容易使原料浸油，不酥脆，如“椒盐大虾”的制作。

3）要形成外酥里嫩口感的菜肴，运用火候时应用中油温（150℃左右）短时间处理后，再用高油温（180℃左右）短时间处理，即烹调中常说的复炸，如炸鸡排的制作（表 7-1）。

表 7-1　炸鸡排的制作

油的温度	口感特点
60～100℃	软嫩
150℃	酥脆
先 150℃后 180℃	外酥里嫩

除了以上基本原则以外，对于有些特殊要求的菜肴还应灵活运用火候、掌握油温，如脆皮乳鸽的制作需采用高油温多次淋炸的方式，才能达到皮脆、肉嫩的目的。

烹调加热时，油温的控制非常重要，油温 250℃以下，油脂分解作用不明显，在

290～300℃时，反应速度明显加快，油脂的热分解会降低营养价值。油不宜长时间反复使用，因为长时间高温作用，炸油中会存在一些氧化分解物质和由高温作用产生的有害物质，如亚硝基吡啶、多环芳香烃类、不饱和脂肪酸过氧化物等，会严重影响人体健康。为了减少和防止这些物质的产生，要求在油炸原料时应尽量避免温度过高和时间过长，一般以不超过 190℃为好，时间以 30～60s 为宜。同时在使用中应经常加入一些新油，去除炸油中的漂浮物和底部沉渣，减少反复使用次数，防止有害物质大量蓄积，保证油炸制品的卫生安全。

（二）油传热热处理的方法

油加热初步热处理法在烹调工作中是一项很重要而且很常用的操作方法，也是一项技术性要求较高的烹调技术，必须根据原料的组成、质地、质量和形状大小及烹调要求，严格控制油温、火候和加热时间，使制品达到香、酥、脆、嫩和色泽美观的要求。

油加热初步热处理的油温一般在 50～230℃，按照油温的高低分为低温初步热处理法和高温初步热处理法两种（油温是指锅中的油加热达到的温度）。

1. 低温初步热处理法

低温初步热处理法是利用油的热传导性，将原料放入温油锅中进行加热处理的一种方法。根据烹调目的及工艺的不同，一般分为滑油和焐油两种。

滑油又称拉油，是用中油量温油锅将原料划散成半成品的一种热处理方法。原料下锅时，根据原料的性质和烹调的要求，油温控制在 60～120℃。滑油的原料一般都要上浆，使原料不直接接触油，水分不易溢出，保持香鲜细嫩的质感。

对于质地稍老、不易成熟的原料，滑油前应先进行腌制，如牛肉、羊肉应加入苏打粉或嫩肉粉腌制。滑油时锅必须洗净、烧热、油质干净，同时要控制好油温。油温不宜过低，防止脱浆，至使原料变老，失掉上浆的意义。油温也不宜过高，防止原料发生粘连现象，影响成品质量。

焐油是利用油的热传导积存热量，使食物中的水分汽化除去，使原料变得酥脆、膨化或软嫩的一种方法。原料下锅时要用冷油，小火给原料加热，使原料内部水分与外部水分同时汽化，达到里外同时成熟的效果，加热时要控制好油温。油温不能过高，防止原料外部受热过快结成硬壳，影响内部水分汽化蒸发，影响口感和色泽。

干果类原料，如花生、腰果、松子等经过焐油，成品干香酥脆；肉类原料，如蒜香骨等经过焐油，成品软嫩香滑；干货原料，如肉皮、鱼肚、蹄筋等经过焐油后，可使原料酥松。

2. 高温初步热处理法

高温初步热处理法是指利用大油量、传热快、温域宽的特点，将烹饪原料置于较高温度的油锅中加工成半熟或刚熟制品的一种方法。通常称为油炸或过油。

原料在热油中，油可以提供快速而均匀的传导热，使原料表面温度快速升高，水分汽化，形成一层硬壳。然后，水分汽化层便向食物内部转移，随着时间的延长食物内部的温度慢慢趋向 100℃，同时表面发生焦糖化反应及蛋白质变性，其他物质分解产生独特的油炸香味及诱人的色泽。由于原料表层硬化成壳，原料内部水汽蒸发受阻，形成一定的蒸汽压。水蒸气穿透作用增强，促进食物快速熟化，因此形成了油炸制品具有外脆里嫩的特点。

油炸时，油温一定要高，火一定要旺。油量一般是原料的4～5倍，以能浸没原料，原料能自由滚动为好，便于受热均匀。火力要适当，防止外焦而内不熟。原料下锅时必须要分散下入，避免受热时粘连在一起。划散原料的时机要适当，过早会使原料上的糊浆脱落，使原料质地变老；过迟会使原料会粘连结团，不易划散。

油炸时要注意安全，原料下锅时与油面距离要近，防止过高使热油溅起造成烫伤。原料下锅前要将表面水分控干或用洁布吸干水分再投入油锅，防止原料表面水分突然受热汽化，引起热油飞溅造成烫伤。

三、蒸汽传热对菜肴质地的影响

蒸汽初步热处理方法是以蒸汽为传热介质，将已加工整理成型的原料放入蒸锅中，采用不同火力将原料蒸制成半成品或成品的加工方法。

蒸汽初步热处理法是在封闭状态下进行的加热处理，不同于其他热处理方法，原料变化情况看不见，这需要烹调人员必须具有丰富的经验，能根据原料的性质、块形大小，确定蒸制火力的大小、时间的长短，保证蒸制后的质感要求。

（一）蒸汽传热热处理的原理

蒸汽是液态物质汽化而成的气态物质，其物理特性是无色无味、储热性能高、导热性能好、流动性强、穿透力大。蒸汽初步热处理所用的蒸汽是指由水达到沸点时汽化而产生的水蒸气，实际工作中水蒸气的温度要根据密封状态及压力而定，密封越好，压力越大，温度就会越高；由于水蒸气质量轻，依靠对流方式能够迅速地把热能传递到各处，蒸笼内的水蒸气充足，温度、湿度达到饱和，使加热环境成为均匀的温度场，使原料受热均匀，而且菜肴的滋润程度相对较高，由于温度较高，加热也较为迅速；利用水蒸气加热原料，除原料受热发生变形外，不会破坏原料的排切造型。又由于蒸制时原料不能翻动，原料间所含的物质渗透交换受限，因此具有原型不变的特点，对于制作做工精细、用料细致的花色菜肴尤为适宜；水蒸气对原料进行加热，原料在温度高度饱和的环境中受热，原料自身所含水分不易蒸发外溢，肉类原料表层的蛋白质遇热凝固，可防止营养物质的过度渗出，水蒸气不会将原料的原味和水溶性营养成分溶解带出造成流失，所以具有原味不失、原汤原汁的特点。

（二）蒸汽传热热处理的方法

蒸汽加热时对火力与蒸汽量要求较为严格，具体来说大致可分为4种情况，即旺火足汽蒸、中火足汽蒸、中火慢汽蒸和小火放汽蒸。

1. 旺火足汽蒸

此种方法常应用于质地鲜嫩的原料，质地不要求酥烂，只要蒸熟或断生即可。采用此种方式蒸制，行业上称原汽蒸。一般蒸3～20min即可，不可蒸制过头而使原料老化，影响菜肴质感。此种方法要求蒸锅严实、宽水、旺火、足汽，水沸汽足时送料入笼，中途不可开锅，一气呵成。

此时蒸汽猛烈，向上直冲，微风吹过不摇摆，适宜蒸制水产品、百花馅类菜肴。用旺火足汽蒸能使菜肴成品色泽鲜艳、质地软嫩，使百花馅料、水产制品爽滑而有弹性。

2. 中火足汽蒸

此种方法常应用于质地偏老而形体又较大的原料，质地要求酥烂。采用此种方式蒸制，蒸制时要先用旺火将水烧至大沸大开后，将原料送入蒸笼，密闭严实后改用中等或中等以上火力长时间蒸制，一般需要蒸制 2～3h，由于蒸制时间偏长，要防止锅中水被烧干。

此时蒸汽充足，向上直升，微风吹过稍有摇摆，适宜蒸制家禽、家畜类菜肴。用中火足汽蒸能使菜肴成品色泽明快、质地嫩滑、味道鲜美。此类原料若采用旺火足汽蒸，会使肉质收缩、泻油，使成品老硬。

3. 中火慢汽蒸

此种方法常应用于质地细嫩或经细致加工拼组成型的花色菜肴，蒸制要求成菜形状不发生变化。采用此种方式蒸制，蒸制时将原料放于蒸笼中，锅内水可为冷水或微热水，密封后逐渐加热，起蒸汽后，采用中火或中小火慢慢加热，防止蒸汽过猛引起原料涨缩变形。

此时蒸汽较弱、升腾环绕，适宜蒸制造型类菜肴。用中火慢汽蒸能使菜肴成品色泽明快、质地嫩滑、造型完整。

4. 小火放汽蒸

此种方法常用于质地非常细嫩的芙蓉蛋及酿馅类菜品，蒸制时要防止菜肴变老发硬，或起泡出孔等现象。因此采用此方法时，要在蒸盖处留出一定的缝隙放汽，防止蒸笼内汽量过足。操作时多以中火慢汽蒸，至水沸汽足时开缝放汽。

此时蒸汽微弱，环绕蒸笼或蒸柜，缓缓上升。用小火放气蒸能使菜肴表面平滑、色泽鲜艳、口感嫩滑、滋味可口。若用旺火足汽蒸此类菜肴，则成品呈海绵状，并且口感粗糙。

在烹调中，菜肴的烹制必须从所用火力和所花时间两方面来考虑，而对于蒸汽烹调而言，则应该考虑蒸汽的强度、加热的时间以及原料的质地。第一要注意与其他热处理方法配合改善原料质地，对于一些质地老硬的原料，在进行蒸制前，需要采用其他热处理方法，软化其质地，以保证加工的质量。例如，在制作扣肉时，先要用水煮加热进行初步热处理，使原料达到八成熟，以便于刀工处理；再用油炸加热进行初步热处理，使肉皮表面上色；经过以上两步处理后才能运用蒸汽加热使原料达到软烂酥香的菜品要求。第二要考虑蒸汽的强度，因为蒸制器具很多，有木制蒸笼、竹制蒸笼，各种蒸锅、蒸柜，形状可大可小，层次可多可少，而且由于密闭的情况不同，造成了蒸汽的强度会有多种多样的变化。因此在蒸制菜肴时要根据器具的情况灵活掌握蒸汽的强度，确定蒸制的时间。第三要控制好加热时间，原料加热时，要根据原料的质地老嫩、体积大小、盛装多少、气温高低及烹调要求控制加热时间。质地软嫩的原料，如鱼类、蔬菜类等，要蒸熟不要蒸烂，时间为 8～15min。对质地粗老、要求蒸制酥烂的原料，可长时间蒸制，如“香酥鸭”“粉蒸肉”等。第四要恰当调味，原料在蒸制过程中不能随意翻动，并且处于高度饱和的蒸汽环境中，水分不易互相渗透，使调味物质不易融合，这就需要蒸制前腌制，腌制时调味不要一次调足，避免妨碍正式烹调时调味。第五要防止原料之间的串味，不同原料所表现出的色、香、味也不相同，如果多种原料同时汽蒸，要注意合理放置原料，把有异味的原料放在下层，无异味或异味较少的原料放在上层，这样有异味原料的汤汁不会溅到异味少的原料上，避免相互串味。

四、固体传热对菜肴质地的影响

固体传热热处理方法即将固体作为传热介质，使食物原料受热成熟的一种制熟方法。

固体传热加工食物历史较为悠久，是一个古老的技法。其制品一般较为干香，具有特殊风味。

（一）固体传热热处理的原理

固体传热主要的方式是热传导，热传导过程的必要条件是存在温差。热传导是指在不涉及物质转移的情况下，热量从物体中温度较高的部位传递给相邻的温度较低的部位，或从高温物体传递给相接触的低温物体的过程，简称导热。热是一种联系到分子、原子、电子等，以及它们的组成部分的移动、转动和振动的能量。因此，物质的导热本质或机制就必然与组成物质的微观粒子的运动有密切关系。

（二）固体传热热处理的方法

1. 盐焗制熟法

将原料密封在加热的粗盐堆中受热成熟的方法称为焗。作为特殊性制熟方法，用盐作为第三层介质。盐在铁锅中被加热至180℃以上，并保持在这一温阶，食物用油砂纸包裹深埋在盐中受热成熟，具有既干香又保持一定鲜嫩度的特点，盐焗所用为粗盐，具有良好的蓄温性，在锅中经过翻炒烘烙，其温度不断抬升，180～200℃时十分灼热，具有很强的吸湿性，沾水盐粒也会爆炸开。用油砂纸将原料包裹，起到了重要保护作用，一方面，防止了食物中水分直接与盐粒的接触，也隔离了盐粒对食物的直接污染；另一方面，在高温下盐与食物之间防止焦化现象的产生。通过对油砂纸刷油对食物浸润，使得盐焗成品干香而不干燥，突出地表现了制成品肉香骨酥、原味鲜美的盐焗特色。

2. 泥烤制熟法

用黏土包裹食物表面进行烤制成熟的方法称为泥烤，泥烤又称为泥煨，其工序较为复杂，需经过包裹、捆扎、糊泥、烤制4道程序。包裹中的网油主要起滋润作用，若无网油，也可用生肉皮或生肥膘肉片代替，但效果不及网油。荷叶则取其清香，并作为与泥的隔离层，有些还可在荷叶外层再加上玻璃纸，增强其密封性，防止卤汁外溢。

泥烤以糊泥最为关键，将湿黏土均匀地涂在包裹的原料外，既起到传递热能的作用，又起着良好密封容器的作用。黏土宜选用酒坛封口用的细质黄泥，俗称“酒坛泥”。传统的泥烤采用的是木炭烤，即在火盆内将木炭烧红，挖一火塘，将泥包原料埋入，加铁盖至原料烤熟取出。外部烤温开始较高，随着泥壳的干结温度逐步递减，烤时需在一侧戳一个小孔，以便透气，防止因内部蒸汽过饱和而将泥层爆裂。待烤至泥层水汽将干时，可用湿泥补上小孔。烤时还需要有规律地定时换烤面，使之受热均匀。

泥烤具有特殊的风味，泥壳传热至内部平缓而均匀，并具有良好的恒温性能，加之内部包扎很紧，使卤汁与风味物质难以外溢，因此，成品显得鲜香滋润，酥烂脱骨，开壳时香气四溢，色泽金红，十分诱人。典型名菜有“叫花鸡”“泥烤金腿”“泥煨鱼”等。

3. 锅烤制熟法

锅烤也称锅焗，即将原料置于密封性的铁锅中烘烤至熟的成菜方法。

锅烤必须使原料和盛器上下受热均匀，而不能一面受热，因此，必须在烘箱中加热，原料受热，蒸汽不易散出而形成一定的锅内压力，从而使成品产生膨润而鲜香的风味。一般来说，锅烤温度不宜过高，以105～160℃为宜，时间随不同原料而有所区别，通常蛋约20min，鱼约30min，嫩禽和肉类则为40～100min。锅烤所用烤锅呈圆口、浅壁、平底形，近似煎锅，但有铁盖，使用时将铁盖烧红再盖于锅上，使原料置于下烙上烘的热环境中。这是古老的传统方法，成品风味较好，色泽金黄，鲜香滋润。

4. 烙制熟法

直接将原料粘贴在散热的固体表面，使之受热成熟的方法称为烙。除锅烤外，烙法是铁器直接导热制熟原料的常用方法，工具为锅、烙板、烙钳等。烙时，有的需要用肥膘在锅底抹一层油膜，增加润滑，方便取料，防止原料黏结而焦化，有的则不需要，但火力应更小，器面应更光滑。据此，烙有油烙和干烙之别。

用于烙制的原料一般为浆糊状或加工成片状，烙时需不断晃动锅、板，或移动烙制的原料，使之受热均匀，成色一致。

固态介质热制熟法尚有沙炒之法和石烹。所谓沙炒，即将原料置于粗粒白沙中，在锅中不断翻炒至熟的方法，主要是对干果炒货的加工，如栗子、瓜子、花生等，具有平缓、均匀、吸湿性强的特点，炒出的干果既脆又香。石烹之法即是将烧烫的鹅卵石子将食料烫熟，两法皆是原始古法，很少沿用，在这里不多讨论。

第五节　浆、糊、芡对菜肴质地的影响

一、上浆

（一）上浆的原理及操作要领

1. 上浆的原理

（1）保持原料的水分和鲜味

首先，上浆后的原料，由于表面增加了一层保护层，在加热过程中，其表面的流体物质——浆会迅速地糊化和凝固，形成不同质地的保护层，阻碍了原料内部水分的流失和外溢，使原料中各种氨基酸损失减少，确保原料的鲜味，保护原料的质感。

（2）保持原料的营养成分和风味物质

动物性原料含有蛋白质、维生素、脂肪等营养成分。上浆后，原料表面有了一层流体物质，隔绝了原料与加热介质的直接接触，使原料中的营养成分不易溢出，从而保护了营养成分少受损失。动物性原料中的腺苷三磷酸（ATP）经过各种酶的作用，生成重要的风味物质。在组织蛋白酶的作用下，蛋白质部分水解成肽和氨基酸而游离出来，从而改变原料质地与风味。

（3）保持原料形状，增加光润饱满度

动物性原料经过改刀后，形成较小的片、条、丝、丁等各种形状。通过上浆，不仅保持了原料固有的形状，而且浆在不同的温度下还能形成光润饱满的形状。例如，蛋白质加热凝固，尤其卵蛋白的凝固，使菜肴表面滑嫩光亮。

2. 上浆的操作要领

上浆前原料必须先进行码味（基本调味），再放入浆料，调匀抓透。由于上浆时原料性质不同、质地不同、品种不同和烹调方法不同，上浆的操作也不相同，详细要领如下。

（1）掌握浆的浓稠度

浆的浓稠度，主要是根据原料性质和烹调的要求来确定。

质嫩形小的原料，浆要稠一些；质老形小的原料，浆要稀一些。因为质嫩的原料一

般含水量较多，吸水性能较差。所以，上浆时浆要稠一些，既可防止原料失水，又能避免脱浆。反之，质老的原料，含水量较少，吸水能力较强。所以，上浆时浆要稀一些，有利于纤维充分吸收水分，达到嫩化的目的。冷冻的原料，浆要稠一些；新鲜的原料，浆要稀一些。立即烹调的原料，浆要稠一些；等待烹调的原料，浆要稀一些。

（2）掌握上浆的顺序

上浆的原料一般以鸡蛋液、淀粉等为主，这两种原料由于性质的不同，上浆的顺序也有先后。上浆的原料，一般在上浆前码味（用料酒、精盐、葱姜汁、味精等）。因为盐是电介质，具有渗透性，可促使盐分与原料内部水分的结合，形成了原料表面的黏稠度。而鸡蛋液具有良好的亲水性，上浆时加入鸡蛋液，鸡蛋液的水分与原料表面的黏稠度马上融合，产生胶黏物质而包裹在原料表面。因淀粉在冷水中是呈粉末状的悬浮物，亲水性能较差，所以淀粉必须后加，使淀粉与胶黏物质搅拌均匀，形成一层混合状的保护层。这层保护层在一定温度（56～80℃）下就会产生糊化作用，形成原料表面柔软滑嫩的黏性物质，利于保护营养成分和水分，使原料质地柔软。

（3）掌握上浆的时机

上浆的时机与均匀度也影响着成品的质量，这是因为加入淀粉后，短时间不可能和原料的胶黏物质达到充分融合。所以，首先必须有一个静置过程，使胶黏物质与淀粉颗粒有充足的融合时间完成上浆全过程。其次上浆必须抓拌均匀，使浆均匀地包裹在原料表面，防止加热时因上浆不均匀而产生失水现象。

（二）上浆的种类

上浆较挂糊简便，一般不需要事先调制。由于上浆使用原料性质不同、比例不同，因此浆的种类有以下 4 种。

1. 蛋清粉浆（蛋白粉浆）

蛋清粉浆，主要是将鸡蛋清、水淀粉，加入经过腌制的半成品原料中，搅拌均匀而成。适应于滑熘、滑炒等烹调方法，如“滑熘里脊”“滑炒鸡丝”等。菜肴成品柔软鲜嫩、色泽洁白。

2. 全蛋粉浆

全蛋粉浆，主要是将全蛋液、水淀粉，加入经过腌制的半成品原料中，搅拌均匀而成。适应于熘、炒等烹调方法，如“茄汁肉片”“鱼香肉丝”等。菜肴成品滑软鲜嫩、色泽浅黄。

3. 苏打粉浆

苏打粉浆，主要是将蛋清、淀粉、苏打粉、水、精盐和白糖，加入半成品原料中（促使肉质充分吸收水分，达到嫩化的目的），搅拌均匀而成。适应于熘、炒等烹调方法，如“蚝油牛肉”“五色蛇段”等。菜肴成品柔滑鲜嫩、色泽鲜艳。

4. 脆皮粉浆

脆皮粉浆，主要原料由酵母、（或发酵粉）、面粉、荸荠粉、淀粉、饴糖、醋、水、盐和油等配制。脆浆按使用原料不同可分为 3 种。

（1）酵面脆皮粉浆

酵面脆皮粉浆，主要是将酵面、面粉、淀粉、荸荠粉、精盐和水，放入容器内搅拌均匀，静置发酵 4h 左右，使用前加入油搅拌均匀而成。适应于炸等烹调方法，如“炸生蚝”“炸春卷”。

菜肴成品表面酥脆、内鲜嫩或软嫩，色泽浅黄或金黄。

（2）发酵脆皮粉浆

发酵脆皮粉浆，主要是将发酵粉、面粉、精盐、淀粉、水和油，放入容器内搅拌均匀而成。适应于炸等烹调方法，如“脆炸肉丸”“脆皮大虾”等。菜肴成品表面酥脆、内鲜嫩或软嫩，色泽老黄或金黄。

（3）脆皮粉浆

脆皮粉浆，主要是将米醋、饴糖和水淀粉，放入容器内搅拌均匀，然后抹在半熟或全熟的原料表面，晾干或吹干原料表面而成。适应于炸等烹调方法，如“广东脆皮鸡”“脆皮大肠”等。菜肴成品表面脆酥香、内鲜嫩或酥烂，色泽青红或金红。

二、挂糊

（一）挂糊的原理及操作要领

1. 挂糊的原理

挂糊的原理与上浆的原理相同，但是，成品的质地是有所差异的。利用上浆的方法制作的菜肴具有柔软滑润的质感；挂糊操作由于加热的温度不同，糊的厚薄不同，其产生的效果也不同，挂糊能形成原料松软、酥脆或外焦里嫩的不同质感。例如，流体物质糊化膨胀形成酥脆饱满的形状，从而达到形体光润饱满的目的。

2. 挂糊的操作要领

（1）掌握浓稠度

糊的浓稠度，主要根据原料性质、烹调的要求和成品的特点来确定。

1）鲜嫩或软嫩的原料，糊应稠些；质较老、含水量小的原料，糊应稀些。因为糊稠可以保护原料中的水分、鲜味和营养成分，使其快速达到酥脆、鲜嫩的要求；反之，糊稀可促使表面水蒸气向内传热，从而达到酥脆鲜嫩的目的。

2）冷冻的原料，糊要稠一些；新鲜的原料，糊要稀一些。因为冷冻的原料，内部的水分（结合水、不易流动水和自由水）还没有彻底缓解过来，易形成失水现象，所以糊必须稠一些，以使原料内部水分化解后，形成混合或适度的糊状；反之，糊要稀一些，补充原料水分。

3）挂糊后立即烹调的原料，糊要稠一些；不立即烹调的原料，糊要稀一些。因为挂糊后立即烹调的原料，不受环境与温度等的影响，水分不会散发。另外，淀粉中的小颗粒还没有彻底溶解，所以，糊可以稠些；反之，糊要稀一些。

（2）掌握均匀度

调糊时必须先慢后快、先轻后重、先厚后薄，使面粉颗粒充分调匀，糊虽呈稠厚但均匀细腻，无颗粒。这样加热时就不会造成炸爆现象，成品外观美观，均匀度强。

（3）均匀包裹

挂糊时要把原料表面均匀地包裹起来，形成一个完整的保护层，避免造成失水，导致质地不一。所以，糊一定要把原料表面包裹均匀，使成品达到菜肴所要求的标准。

（二）挂糊的种类

糊的调制方法比较复杂。挂糊由于使用原料的性质不同、比例不同，糊的种类也有所区别，主要有以下 8 种。

（1）蛋清糊（蛋白糊）

蛋清糊，主要是用鸡蛋清、淀粉调制而成。适应于软炸等烹调方法，如“软炸鸡条”“软炸里脊”等。菜肴成品以表面松软、内部鲜嫩或软嫩、色泽呈浅黄色或灰白色为特点。

（2）全蛋糊（蛋粉糊）

全蛋糊主要是用鸡蛋、淀粉或面粉调制而成。适用于炸、熘等烹调方法，如“锅烧肘子”“炸虾仁”等。菜肴成品以表面酥脆、内部鲜嫩或软嫩、色泽呈金黄色为特点。

（3）蛋泡糊（高丽糊）

蛋泡糊主要是将鸡蛋清打成泡沫状，再加入淀粉和面粉调制而成，适应于软炸、松炸等烹调方法，如“美丽豆沙”“赛银鱼”等。菜肴成品以外形饱满、质地松软、色泽浅黄色和灰白色为特点。

（4）水粉糊（淀粉糊）

水粉糊主要是用淀粉、水调制而成。适应于干炸、焦熘等烹调方法，如“干炸肉段”“炸烹肉片”等。菜肴成品以外形饱满、干香酥脆、肉鲜嫩或软嫩、色泽老黄或金红为特点。

（5）脆皮糊

脆皮糊主要是用脆炸粉和水调制而成。适应于松炸等烹调方法，如炸鸡翅、虾仁、鱼段等。菜肴成品以外形饱满、酥脆松软、色泽金黄为特点。

（6）干粉糊（拍粉糊）

干粉糊主要是在喂口腌制后的原料，或用网油、腐皮卷包成型后的原料表面，沾上干淀粉的一种方法。适应于煎、炸、熘等烹调方法，如“干煎黄鱼”“清炸里脊”“菊花鱼块”“三丝脆皮网油卷”等。菜肴成品以表皮松酥发脆、内鲜嫩或软嫩、色泽浅黄色或金黄色为特点。

（7）拍粉拖蛋糊

拍粉拖蛋糊主要是用面粉、淀粉先拍或先沾在原料的表面（原料一般需喂口腌制），然后放入全蛋液中拖均匀的一种方法。适应于煎焖、锅塌等烹调方法，如“锅塌豆腐”“煎焖鱼扇”等。菜肴成品以表面松软、内鲜嫩、色泽金黄色为特点。

（8）拍粉拖蛋沾面包渣糊（芝麻、松子、核仁、椰茸粉）

拍粉拖蛋沾面包渣糊主要是将喂口腌制后的原料，先拍上面粉，后放入蛋液中拖匀，然后沾上面包渣等原料的一种方法。适用于炸等烹调方法，如“炸牛排”“芝麻鱼球”“松子大虾”“椰茸鱼片”和“银丝鸡球”等。菜肴成品以表面酥脆、香酥，内鲜嫩或软嫩，色彩丰富为特点。

三、勾芡

勾芡就是在原料成熟时，将调好的粉汁淋入锅内，使汤汁浓稠以增加对原料附着力的方法。勾芡是厨师的基本功之一，勾芡是否恰当，对菜肴的色、香、味、型均有影响。

（一）勾芡的原理及基本要求

1. 勾芡的原理

（1）增加菜肴的味道

勾芡能增加菜肴的味道，主要有两点原因，第一，由于一些呈味物质和我们所使用的调味品都能溶于水，而在烹调时，一般的菜肴都要加些汤，以促使菜肴的成熟和入味，同时，不可避免地使一部分原料中的呈味物质和我们加入的调味品溶于汤汁中。第二，原料的吸附能力有限，不可能在较短的时间内将所有的汤汁都收进去，通过勾芡可以使汤汁的黏度增大，这样就很容易使菜肴的汤汁黏附在原料的表面。

由于上述的两点原因，经勾芡后汤汁就能很好地与原料结合在一起，这样汤汁中的味不受损失，而且增加了原料的吸附能力。所以，勾芡是形成菜肴味道的重要方法之一。

（2）增加菜肴的光泽

颜色和光泽是相辅相成的，一个菜肴的颜色如果没有光泽则是不完美的。勾芡的实质是淀粉的糊化，糊化后的粉汁则形成一种溶胶体，这种溶胶体具有一定的光泽，加上原料的颜色则形成了菜肴的色泽。

（3）突出菜肴的主料

菜肴都是由主料和辅料组成的，但构成主料和辅料的成分不同。例如，烩的菜肴，其汤多于主料，如果不勾芡，主料则会沉于器皿的底部，即所谓的只见汤不见菜。经过勾芡后，汤汁的黏度增大，可使主料悬浮于汤中，如“芙蓉三鲜”“什锦果羹”等。

（4）保持菜肴的温度

菜肴的温度直接关系到菜肴的质地和味道，一盘晾凉的热菜，无论如何也不能保持刚出锅时的状态和味道。勾芡后使菜肴的汤汁成为一种溶胶体，将原料包裹在中间，由于表层这种溶胶体的作用，其热量不易散发。另外，这种溶胶体的本身也能蓄积较多的热量。所以，勾芡后的菜肴保温效果好。

（5）增加菜肴的口感

菜肴的口感是衡量菜肴的一个重要标准，而形成菜肴口感的方法很多，其中勾芡就是其中的一种。由于勾芡后，菜肴的汤汁浓稠，并包裹在原料的表面，菜肴具有一种滑润的口感。

2. 勾芡的基本要求

（1）勾芡要在原料成熟时进行

许多书中都提示勾芡要在菜肴即将成熟时进行，其理由是淀粉糊化需要一段时间，会延长菜肴加热的时间。事实上，厨师做菜都是在菜肴成熟时进行勾芡，因为淀粉的糊化在很短的时间内即可完成，对菜肴的成熟度影响不大，加之用浇这种勾芡的方法，也是待原料成熟后才能将芡汁浇上，所以，勾芡要在原料成熟时进行。

（2）勾芡必须在菜肴的汤汁适量并已烧沸时进行

凡是带汁的菜肴，对汁的多少都有一定的要求，勾芡时菜肴的汤汁过多或过少都会影响菜肴的质量。如果勾芡时汤汁过多，可用旺火收汁后再进行勾芡，如果汤汁过少，可以沿锅边再加入一些汤汁。另外，勾芡时锅内的汤汁要保持沸腾，这样有利于淀粉的糊化，形成具有光泽的芡。

（3）用单纯粉汁勾芡时应在菜的口味、颜色确定后进行

如果勾芡后发现菜肴的口味、颜色不够标准，再进行弥补就很困难了，即使做了，也不会收到预想的效果。

（4）勾芡时汤汁中的油不宜过多

由于淀粉糊化必须要有水的存在，如果汁中的油过多，就会影响淀粉的糊化，而达不到理想的勾芡效果。

（5）要掌握菜肴的勾芡范围

勾芡虽然是形成菜肴属性的重要手段，但并不是每一道菜、每一种原料都需要或适合勾芡。因为有一些原料勾芡后反而会影响菜肴的质量，如蒜苗、芹菜、豆芽、榨菜等原料，如果在烹调时勾芡就会影响脆嫩的程度。

还有一些菜肴，在烹调时汤汁能自然地浓稠（如“㸆大虾”），或已加入有黏性调味品的菜肴（如“酱爆肉丁”），都不需勾芡。另外，还有一些原料本身就含有较多的淀粉，如马铃薯、粉条、山药等，在烹调时也不需勾芡。

（二）勾芡的种类

芡和汁是两个不同的概念，芡是指经过加热后包裹在原料表面呈黏性的淀粉溶胶体。汁是指粉汁，即用凉水浸泡后加入调味品而未经加热的淀粉液，也指不加淀粉的调味汁。

1. 粉汁的种类

在烹调中对粉汁的要求是不同的，主要有以下几种。

（1）单纯粉汁

单纯粉汁是用凉水将淀粉浸泡后调匀即好的一种粉汁。这种粉汁的主要作用是勾芡，多用于炒、烧、烩、焖等烹调方法。这些烹调方法的加热时间较长，在加热过程中有时逐一地加入调味品，不必把调味品和粉汁调在一起。另外，这些烹调方法所适应的原料，在正式烹调前有的虽经过初步热处理，但在正式烹调时还需要较长时间地加热，以便入味或酥烂，所以，这也要求将调味品和粉汁分开使用。

单纯粉汁使用方便，具有直观性，便于掌握。但在使用前，应先将淀粉用水浸泡后再用。

（2）调味粉汁

调味粉汁是由调味品、湿淀粉和鲜汤（或水）兑制而成的一种粉汁。这种粉汁是将调味和勾芡混为一体，一次性完成，主要用于熘、爆等方法。因为这些烹调方法都要求速成，而且这些方法都是以油为其传热介质，所以，不能在加热过程中进行调味和勾芡。

调味粉汁都是事先用碗或其他器皿兑好或在锅内调好，待原料成熟后，再将兑好的碗汁倒入，或将锅内的汁加热至熟再倒入原料。调味粉汁具有操作迅速、将调味和勾芡合二为一的特点。但是汁的用量和淀粉的多少（淀粉浓度）不易掌握，不像单纯粉汁那样可以直接观察到芡的薄厚，所以在实践中要注意总结。

2. 芡的种类

芡是经过加热后的粉汁，由于淀粉和汤汁的比例不同，可形成各种不同浓度的芡，常用的芡有以下几种。

（1）抱芡（包芡）

抱芡是粉汁中最浓的一种，经过加热后可使菜肴的汤汁基本上都粘裹在原料的表面，适于爆、焦熘等菜肴。

（2）流芡

流芡是一种能够流动的芡，主要用于烧、焖等方法，如“红焖肘子”“葱烧海参”“烧素什锦”等。

（3）米汤芡

米汤芡是最薄的芡，类似米汤，故称米汤芡，主要用于扒、烩等菜肴的制作，如

“扒三白”“烩什锦”“甩袖汤”等。

（三）勾芡的方法

勾芡是烹调菜肴中的一个重要环节，只有掌握了勾芡的方法和要求，才有可能掌握住菜肴芡汁的多少、薄厚以至于菜肴的味道。勾芡的方法主要有拌、淋、浇3种形式。

1. 拌

拌是使用最广泛的一种勾芡方法，具体又可分为调汁、碗汁和卧汁3种。

（1）调汁

调汁是使用单纯粉汁，就是在菜肴的口味、质地、色泽确定以后，将单纯粉汁放入锅内，与原料一起加热并搅拌均匀的一种方法。主要用于炒、烧、焖等烹调方法，是勾芡中使用最广的一种方法，具有灵活方便的特点。

（2）碗汁

碗汁是使用调味粉汁或清汁，将调味和勾芡混在一起进行（使用清汁主要是调味）。具体方法是在碗中将所需的调料、汤汁和淀粉混在一起，在原料成熟后，再将汁倒在原料的表面加热并搅拌均匀。这种方法主要用于熘、爆或烹等烹调方法，具有操作迅速的特点。

（3）卧汁

卧汁也是使用调味粉汁，将兑好的汁倒入锅内或在锅内兑汁，并加热成芡后再倒入熟制的原料搅拌均匀。这种方法多用于多量的烹调，因为原料的量大，所需的汁也多，如果将大量的汁直接倒在原料上，锅内的温度会骤然下降而影响菜肴的质量，所以，采用卧汁是为保证菜肴质量而采取的一项技术措施。

2. 淋

淋是使用单纯粉汁，在原料成熟后，一面将调匀的粉汁徐徐地淋入勺内，一面晃勺，或一面颠翻原料，使菜肴的汤汁浓稠，并均匀地包裹在原料的表面。这种方法主要用于一些需要保持形状或易碎的菜肴，如“扒四素”“浮油鸡片”等。

3. 浇

浇是使用卧汁，其方法是将原料熟制后装在盘中，锅内卧汁加热再浇在原料的表面。这种方法主要用于造型或形体大的原料，如“金鱼大虾”“红焖鱼”“油淋鸡”“松鼠鱼”等。

第六节　干料涨发对菜肴质地的影响

干货原料是中国烹饪中的又一个重要的原料来源，它不仅是中国烹饪的重要组成部分，也是构成中国菜点的重要基础，更是制作中国名菜不可缺少的原料之一。干货原料是为了运输、贮藏或某种风味的需要，采用各种干制方法，使新鲜的食物原料脱水干制而成的干制品，统称为干货原料或干料。干货原料一般可分为动物性干制品和植物性干制品两大类。常用的动物性干制品有鲍鱼、鱼翅、海参、鱿鱼、鱼肚、干贝、燕窝、蹄筋、猪皮等；植物性干制品有玉兰片、发菜、菌类、莲子、腐竹、金针菜、粉条等。这些干制品因其细胞组织处于基本脱水状态（含水量一般在3%～25%），从而起到抑制微生物繁殖和酶水解的作用，不仅提高了贮藏性能，而且形成了特殊的风味。干制品具有干缩、干裂、组织结构紧密、表面硬化、老韧等特点。植物性干制品内部还具有多孔的特征。

一、干货涨发的目的和原理

（一）涨发的目的

干货原料具有干、硬、韧、老等特点，所以不能直接作为烹饪原料，必须对其进行涨发才能使其恢复到原有状态。干货原料涨发就是利用水、油、盐作为介质或溶液，通过对干货原料加热或不加热，使其重新吸收水分，最大限度地恢复原有鲜嫩、松软的状态，同时去除腥臊异味和杂质，使其成为烹饪原料，有利于烹调、食用及人体消化吸收。

干货原料涨发主要是通过某些理化因素，如酸碱度、温度等作用，促使原料中的细胞膜充分吸收水分或胶原蛋白变性形成蜂窝形的海绵状，从而达到柔软、膨胀的状态。

要想把干货原料涨发到最佳状态，涨发时要求做到以下 3 点。

1. 熟悉原料的产地与性质

干货原料种类繁多，产地不同，干制方法不同，性质各异。因此，必须了解上述情况，根据干货的实际情况选择适宜的涨发方法，达到最佳的涨发效果。例如，干鱼翅有吕宋黄、香港老黄等品种。这些鱼翅翅板较大，翅根较厚，质地坚硬，表面沙层紧密，涨发时必须采用反复浸、泡、煮、焖等方法，才能彻底去除其表面沙层、杂质和腥臊味，使其回软到最佳状态。

2. 掌握干货原料涨发程序

干货原料涨发程序一般可分为 3 个阶段：预发阶段→涨发阶段→辅助涨发阶段。

1）预发阶段，即在原料正式涨发前的一种准备过程，如浸、泡、洗、烘焙或烧烤和修整等，其目的是为涨发扫除障碍或做好准备。

2）涨发阶段，就是利用适宜的温度和碱浓度影响干货原料，使其基本膨胀，形成疏松、饱满、柔软的质地。涨发阶段主要采用炸、炒、浸、泡、煮、焖、蒸等方法，促使干货原料涨发后形成特定的品质。

3）辅助涨发阶段，即涨发结束后，干货原料基本涨大，但某些介质或碱溶液仍然存在于涨发后的原料中，有必要进行彻底的清理，使其符合卫生和食用要求。辅助涨发阶段主要采用浸、泡、漂等方法，促使干货原料达到烹饪的要求。

3. 选择适当的容器

涨发干货原料的容器最好选用搪瓷、不锈钢和陶瓷，并且不得附有油脂、盐、碱等物质，避免这些物质影响涨发或造成腐烂变质等现象。

（二）涨发的原理

干货原料涨发的原理，一般有两种。

1. 水渗透涨发原理

将干货原料放入水中，干货原料就能吸水膨胀，质地由干、硬、韧、老变为柔软、细嫩或脆嫩、黏糯，从而达到切配和烹调的要求。干货原料吸水膨胀涨发原理有三方面因素。

1）毛细血管的吸附作用。原料干制时由于水分的失去会形成多孔状，干货原料浸水后，水分会沿着原来的孔道进入原料中。这些孔道主要由生物组织的细胞间隙构成，呈毛细管状，故具有吸附水和保持水的能力。

2）渗透作用。干货原料内部含水量较低，细胞中可溶性固形物的浓度较大，渗透压高，而外界水的渗透压较低，就形成了渗透与反渗透，使水分通过细胞膜向细胞内渗透，即形成吸水膨胀过程。

3）亲水性物质的吸附作用。原料中的糖类和蛋白质分子结构中，都含有大量的亲水基团，它们能与水以氢键的形式结合。亲水性物质的吸附作用则是一种化学作用，它对被吸附的物质具有选择性，即只有能与亲水基团缔合成氢键的物质才可被吸附。另外，其吸水速度慢，而且多发生在极性基团暴露的部位。

2. 热膨胀涨发原理

热膨胀涨发就是采用多种工艺，促使原料的组织结构变性，膨胀成蜂窝状，再使其复水，成为松软的半成品原料。干货原料膨胀成蜂窝状的原因与原料中水分存在的形式有关。水在原料中存在的形式有两种。

1）自由水。采用压榨的方法从食物中挤出的水分或干制时所失去的水分均为自由水。

2）束缚水。因与原料组织通过氢键结合成一体，通常条件下不易失去（不具有一般水的理化性质，在原料体内不流动、不表现为溶剂的作用等）。氢键是束缚水与原料中亲水基团相结合的纽带，它主要由水中氧原子这类电负性较高的原子与亲水基团中的氢原子缔合而成。而干货原料在涨发过程中，随着温度的不断升高，积累的能量大于氢键键能（200℃左右即可破坏氢键）时，就能破坏氢键，使束缚水脱离组织结构，变成游离的水。这时的水在高温条件下快速汽化膨胀，促使干货原料形成气室。并在一定温度下焙制一段时间，使组织结构彻底变性，气室定型成为固定的蜂窝状，这就是热膨胀原理。

二、干货原料涨发的方法

干货原料涨发方法因介质和溶剂不同，主要分以下 5 种。

（一）水发

用水作为助发溶剂，直接将干货原料浸润到膨胀、松软、柔嫩的涨发方法，统称为水发。根据涨发所用水的温度不同，又分为冷水涨发和热水涨发两种。水发的原理是利用水的溶解性、渗透性及原料成分中所含亲水基团，使原料失去的水分得到复原，并使可溶性风味物质得以再现。同时，使其组织结构、口感等方面更加适合烹调和食用要求。

1. 冷水涨发

冷水涨发又称自然涨发，用纯净清水直接浸、漂原料，促使其缓慢吸收水分，达到柔软，接近新鲜时的状态。冷水涨发适合植物性干料，如银耳、黄花菜、口蘑等。对动物性干料的涨发，冷水涨发只是其重要的预发阶段，其目的是通过冷水涨发促使其表面回软，为涨发做好准备。冷水涨发还是油发、碱发、盐发的辅助涨发方法。当然，对于形体较小的动物性干料也可采用此方法，如虾皮、海蜒等。冷水涨发一般夏季用常温水，冬季用温水，即温度在 60℃左右，故又称温水涨发。

冷水涨发常采用的方法是浸发和漂发。

1）浸发就是把干货原料洗涤干净，放入冷水中直接浸泡，使干货原料充分吸收水分，恢复到原有软、嫩、脆等状态的过程。

2）漂发就是将经过涨发后的干货原料放在清水中，利用水的对流性去除残余异味和杂质，并使干燥的凝胶块遇水吸收水分，从而达到使原料膨润、饱满的目的。

2. 热水涨发

热水涨发是对预发后的干货原料通过升温加热，即煮、焖、蒸、泡等方法，提高水分子的渗透能力，强化蛋白质充分吸收水分，促使其体积膨胀，达到柔软或接近新鲜时的状态。热水涨发适应动物性干料和少数植物性干料，如鱼翅、海参、鲍鱼、干贝、熊掌、猴头蘑、玉兰片等。因为上述干货原料具有组织紧密、蛋白质含量高、脂肪多的特点，还具有干、硬、厚、大等特点，采用冷水涨发难以达到预期效果，而热水涨发可提高水分子渗透能力，具有涨发快、出品率高、品质优良的特点。热水涨发采用的加工方法是煮发、焖发、蒸发和泡发 4 种。

（1）煮发

将预发后的干料放入冷水锅内，逐步加热到沸腾，并保持微沸 10～20min，这一过程称为煮发。这时水分子运动激烈，促使原料加速吸收水分和将水分强力地向体外排出。对体大质厚或特别坚韧的原料，必须采用反复煮发的方法，保持干料外部和内部水化程度达到平衡状态，避免一次性长时间煮发，使外部水化程度过快，而造成不必要的损失，即表面糜烂。

（2）焖发

将煮发后的干料放置在密闭容器中，保持一定温度，使热量持久地渗透到干料内部，达到温度平衡的要求，这一过程称为焖发。由于动物性干料都具有腥臊气味，煮发后必须换开水焖发，这样可以通过煮发去除干料的部分腥臊气味，再通过焖发促使干料重新吸收净水，使涨发后的干料具有良好的味感。

（3）蒸发

将预发后的干料装入容器内，添加鲜汤、葱姜和料酒，放入蒸屉内，利用蒸汽加热促使干料迅速膨胀回软，这一过程称为蒸发。蒸发一般适合体小、质薄、无味和带有鲜味的动物性干料，如干贝、虾子、乌鱼蛋、蛤士蟆及猴头蘑等。通过蒸发能有效地保持干料鲜味或增加干料鲜味，还能有效地保持原料形态，避免原料破损。

（4）泡发

将预发后的原料装入容器内，用沸水进行浸泡，使原料迅速膨胀回软，这一过程称为泡发。泡发一般适合植物性干料和体小的动物性干料，如粉条、腐竹、木耳，以及海米、虾皮等。通过泡发能有效地使热水分子渗透到干料内部，促使变性蛋白质或糊化淀粉迅速膨胀回软。同时，在泡发时必须加盖，避免温度过快冷却，影响膨胀效果。

在不同类型的涨发过程中，都要对原料进行适时的整理，如海参去内脏、鱼翅去沙、剔除蹄筋间杂质等。要勤于观察、换水、分质提取，最后用冷水发作为最后一道程序，即漂水。这样可以去除残存的异味，使干货原料经复水后保持大量的水分，最终达到膨润、光滑、饱满的最佳水发效果。

干货原料经过热水涨发即可成为半熟或全熟的半成品，再经过切配和烹调即可制成菜肴。因此，热水发料对菜肴质量关系甚大，如果原料涨发不透，制成的菜肴必然硬韧难以下咽；反之，如果涨发过度，烹制成的菜肴就过于软烂，所以发料必须根据原料品种、大小、老嫩等情况及烹调要求，分别运用不同的热水发料方法，并掌握好发料时间和火候，才能符合要求。

（二）碱发

碱发是在预发的基础上采用强化方法，达到涨发目的，即为了缩短涨发时间，提高成品涨发率和涨发质量，在水溶液中添加适量的碱性物质，使坚硬的原料迅速膨胀回软，达到质地柔、软、嫩的要求，恢复其原来状态的一种方法。碱发的原理是利用碱是一种强电解质，具有很强的腐蚀性，可促使原料表面膜发生水解和皂化反应，腐蚀原料表面保护膜。同时，可增强蛋白质分子间亲水基团电荷，提高亲水基团的水化能力和蛋白质的凝胶作用，使水分扩散在蛋白质中，从而使原料迅速得倒复原，并具有一定的形状、质地和风味，更符合切配、烹调和食用的要求。

1. 碱发溶液配制

碱发用的碱发溶液一般有单一碱发和混合碱发两种。以下1）、2）、3）为常用的单一碱溶液，是由一种碱性溶剂配制而成；4）、5）为常用的混合碱溶液，由两种碱性溶液配制而成。

1）碳酸钠溶液（Na_2CO_3）。在饮食业称为生碱水溶液或生碱水发料发。碳酸钠溶液（Na_2CO_3）腐蚀性较弱，配制浓度为1%～10%，如燕菜和猴头蘑等高档原料的提碱涨发（热碱水提质）。

2）氢氧化钠溶液（NaOH）。腐蚀性较强，配制浓度为0.4%～0.5%，如鱿鱼干、海螺干、乌贼鱼干等的涨发。

3）硼砂溶液（$Na_2B_4O_7$）。是弱碱性的两性介质，腐蚀性小，对干货原料的水化作用能稳定较持久进行。配制浓度为1%～4%，如鲍鱼、蹄筋等的涨发。

4）氧化钙（CaO）+碳酸钠（Na_2CO_3）+水（H_2O）=熟碱溶液［$Ca(OH)_2$］。饮食业称此为熟碱水发料法，一般氧化钙（CaO）200g，加碳酸钠（Na_2CO_3）500g，再加4500ml沸水搅拌，溶解后再加4500ml冷水搅匀，澄清后过滤，即为熟碱溶液［$Ca(OH)_2$］，如乌贼鱼干、八带鱼干、鱿鱼和海螺等的涨发。

5）硼砂（$Na_2B_4O_7$）+氢氧化钠（NaOH）+水（H_2O）=混合碱溶液。一般硼砂（$Na_2B_4O_7$）15g，加氢氧化钠（NaOH）25g，再加水（H_2O）1000ml搅拌均匀，即为混合碱溶液，如鲍鱼、鱿鱼等的涨发。

2. 碱发注意事项

1）碱发必须根据季节和干货原料的形状、质地、硬度确定碱溶液的浓度和温度。一般来说，碱溶液浓度高，涨发时间短；浓度低、水温高，涨发时间也短。但水温不宜超过60℃，否则碱溶液易使原料表面糜烂，达不到原料内外碱浓度平衡的要求，严重影响涨发，并造成不必要的损失。

2）碱发必须根据干货原料的等级情况，分别进行浸泡。干货原料用清水浸泡回软，可避免碱溶液对原料表面的直接腐蚀，有利于水分子向原料内部渗透。由于原料等级不同，渗透的速度也各不相同，就容易造成外部糜烂、内部干硬等情况。为了使涨发后的原料成为富有弹性、体态饱满、质地脆嫩、软滑的半透明状，就必须分等级进行涨发。

3）碱发过程中避免油、盐等其他物质的混入和使用不干净的容器。油、盐等物质易使碱发的原料表面糜烂，其主要原因是油由脂肪构成，盐是电解质，碱发时混入了这些物质，易产生化学变化，造成原料表面糜烂。

所以，在碱发过程中避免上述情况的发生，才能保证碱发的顺利进行。

（三）油发

油发就是将干货原料放入油锅中，利用油的传热作用，促使原料膨胀涨大，形成空洞结构的一种涨发方法。油发的原理是利用油的热传导作用，促使胶原蛋白变性形成气室。胶原蛋白属于糖蛋白的一种，在水中加热即溶解成胶，故称胶原蛋白。胶原蛋白含有一定量的水，当原料放入热油中，由于油的沸点较高，促使原料结构中的水分汽化膨胀，形成无数气室，使胶原蛋白失去了凝胶作用，表面蛋白质迅速变性脆化产生完全与水发不同的品质及结构特征，即表面胶原蛋白内的连接键——氢键受热断裂，螺旋状结构被破坏，形成分散的多肽链。恒温时胶原蛋白收缩，热量继续向中心传递，多肽链进一步交联收缩，使体积收缩结构更加紧密。同时，内部的热量受到压缩产生压力，使原料周围出现小气泡。当温度升高，原料组织内部的压力加大，部分胶原蛋白变性，水分汽化，原料体积增大，形成蓬松酥脆的组织结构。

油发程序分烘干、油焐、炸发、浸泡 4 步。

1. 烘干

油发的干货原料由于贮藏或干制的原因，表面不可避免带有灰尘和杂质或出现原料受潮等现象。涨发前必须将干货原料用温水或碱水洗净表面，再进行烘干处理或其他干燥处理，使干货原料的含水量严格地控制在 10% 以下。

2. 油焐

烘干后的干货原料同冷油一起加热，到油温 70℃左右时原料收缩，到 110～115℃时原料中胶体呈半熔状态，保持恒温一段时间，使干货原料表面热量与内部热量基本相同，即形成收缩和压力。将干货原料置于恒温的多量油中，这一过程称为油焐。

油焐的目的是破坏肽键之间的连接键，破坏胶原蛋白的螺旋状结构，使胶原结晶区域“熔化”而收缩，具有弹力和足够的张力，为原料在炸发中骤然遇高温产生爆发式汽化膨松奠定基础。油焐不彻底，阻碍炸发，影响成品涨发率。油焐时间则根据原料而定，一般要求油焐后的原料，重量减轻，具有弹性，手捏有空松感，目测有白色条丝或具有透明度。

3. 炸发

炸发是将油焐后的原料投入 180～210℃的热油锅内，使之骤然受热产生爆发式汽化膨松现象，即原料中所含水分在高温下迅速汽化，逐渐形成气室，随着温度的升高及时间的延长气室越来越大。胶原蛋白变性失去弹性，强度降低，完全丧失了凝胶特性而将气室固定下来，从而形成酥脆的质感。炸发时间可根据原料而定，一般要求炸发后的原料重量变轻、色泽浅黄或金黄、体态饱满膨松、质地酥脆、空洞结构分布均匀。

4. 浸泡

原料经烘干、油焐、炸发后只是半成品，还需要放入温水中浸泡使之吸水回软，回软后再加入适量纯碱，去除原料表面油脂，经过两三次碱水漂洗，洗净后放入清水中浸泡，使空洞组织中的毛细组织吸收水分，达到柔软、松嫩呈富有弹性的海绵状。

（四）盐发

盐发就是将干货原料放入加热的多量盐粒中，通过盐粒的翻炒、焐焖使原料受热，逐渐膨松胀大的一种方法。盐发是利用盐粒能吸收热量和保持热量的原理，通过对干货原料的焐焖，将热能传导给干货原料，促使干货原料中的胶原蛋白变性和水分汽化，从而迅速破坏体内维系蛋白质空间结构的键链，使胶原纤维由于水分的完全丧失而显得极脆，呈不可逆变性。

盐发程序分预热、焐焖、炒发、浸泡 4 步。

1. 预热

预热是将盐粒翻炒加热，完全脱水后盐粒温度保持在100℃左右。

2. 焐焖

焐焖是按原料∶盐粒为1∶5的比例，将干货原料焐焖在盐粒中。由于盐粒完全脱水具有较高的热能，促使干货原料中的水分蒸发，破坏了键链，焐焖到干货原料热能、重量减轻，即可翻炒。

3. 炒发

焐焖使盐粒与干货原料的温度基本达到平衡，加热炒发可促进干货原料中的水分充分汽化，原料体积逐渐膨胀，胶原蛋白彻底变性，形成空洞的结构，使原料外部和内部的构象与油发的半成品相似。

4. 浸泡

炒发后的半成品，需要清水浸泡回软，回软后用清水冲洗干净表面杂质，洗净后放清水中浸泡，促使空洞的海绵状充分吸收水分。

（五）火发

火发就是通过直接加热或间接加热的方法，把僵皮、毛、鳞、角等富含角蛋白的原料表面焦化，为水发奠定基础的一种涨发方法。火发原理是利用火烧、火烤，促使角蛋白变性。角蛋白分子质量很大，由多条肽链排列而成，链与链之间主要是硫键。同时，角蛋白极稳定，只有在火烧情况下，才能使硫键氧化还原，失去坚固性、稳定性，达到去除表面角蛋白的目的。火发程序有烧烤和刮或剥两种。

1. 烧烤

某些特殊的干货原料，如犴鼻、熊掌、岩参、乌皱参等，因僵皮坚硬或带毛、鳞、角等物质，不易直接水发或涨发不开，可采用烧烤的方法，将其烧烤，但不宜烧烤过焦，从而影响涨发质量和造成浪费。由于干货原料品种不同，烧烤时一般可分为直接烧烤和间接烧烤（泥包烧烤）。例如，岩参、乌皱参僵皮原料直接烧烤；犴鼻、熊掌等带毛原料间接烧烤。

2. 刮或剥

烧烤的干货原料，如直接烧烤，采用刮的方法将烧焦的僵皮刮净；如间接烧烤，采用剥的方法将泥与毛质剥落。洗涤干净后再采用水发的涨发方法。

讨论题

1. 如何理解原料特性对菜肴质地的影响？
2. 烹调过程中如何选择适宜的刀工方法？
3. 如何理解不同的干货涨发方法对原料质地的影响？
4. 上浆挂糊在烹调中的作用是什么？

阅读引导

1. 郑昌江. 2012. 烹饪工艺［M］. 南京：江苏教育出版社

《烹饪工艺》由菜肴属性的形成模块、烹饪基本技能模块、菜肴烹制技能模块、面点工艺模块和菜肴设计模块五大模块组成。菜肴属性形成模块包括菜肴本质属性、菜肴视觉属性、菜肴味觉属性、菜肴触觉属性的形成和菜肴设计，重点阐述如何把握菜肴属性；烹饪基本技能模块包括干货原料的泡发、烹饪的刀工与勺工、原料的初步热处理、菜肴浆糊芡的处理；菜肴烹制技法模块包括中式烹调核心技能、火候技能、调味技能、烹制技能、特殊烹制技能、西式烹调技法；面点工艺模块包括中式面点工艺和西式面点工艺；菜肴设计包括经营性菜肴设计与参赛菜肴设计。

2．张佳程．2010．食品质地学［M］．北京：中国轻工业出版社

在食品的研究与开发过程中，食品的质地特性越来越引起人们的关注，而且已经成为衡量食品质量的一项重要指标。国外在此方面研究起步较早，并形成独特的研究领域，但在国内还处于起步发展阶段，尽管已经制定了有关的国家标准，但是有些术语、概念尚待进一步规范、统一。该书作为食品专业教材，基础性、入门性内容比较重要，所以，在内容选择方面主要侧重食品质地学的基本概念、基本评价方法和主要测量仪器。

3．李里特．2001．食品物性学［M］．北京：中国农业出版社

该书对食品物性学的基础理论、研究现状和应用方法做了系统论述。从物理学角度分别论述食品的力学性质、热学性质、电学性质和色光性质等。将食品的力学性质作为重点，在食品的热学性质、电学性质和色光性质方面也编写了丰富的基础理论和最新研究成果。介绍了食品物性学的典型研究和试验方法，如肉的嫩度的测定，面团、面条、米饭黏弹性和感官评价等。

4．黄刚平．2009．烹饪化学［M］．北京：科学出版社

该书阐述了食品成分在烹饪加工过程中的理化性质和变化，把食品的物质组成、物质状态和物质变化与食品的加工工艺特性及色、香、味、型、质等感官性能的关系联系在一起，清晰地阐述了烹调加工中有关方法的科学原理、工艺条件和技术关键，对烹饪现象有较好的解释和指导作用。

第八章 菜肴的感官质量评价

本章的学习将有助于你回答下列问题：

1. 感官评价的环境条件是什么？
2. 菜肴样品的制备和呈送要求是什么？
3. 感官评价人员的类型有哪些？
4. 菜肴感官评价方法有哪些？
5. 人机一体化感官评价技术是指什么？

第一节 菜肴感官评价的概述

菜肴感官评价由来已久，但真正意义上的感官检验还只是近几十年发展起来并逐步完善的。在菜肴的可接受性方面，菜肴感官评价的可靠性、可行性、不可替代性逐步为人们所认识。

一、感官评价的定义

感官评价（sensory evaluation）是用感觉器官评价产品感官特性的科学。菜肴感官评价由来已久，但是真正意义上的感官评价还只是近几十年发展起来并逐步完善的。目前认可的感官评价定义是于1975年由美国食品科学技术专家学会感官评价小组提出的：感官评价是一门人们用来唤起、测量、分析及解释通过视觉、嗅觉、味觉、触觉和听觉而感知到的食品及其他物质的特征或者性质的一种科学方法。

一般认为，菜肴感官评价是依靠人的感官感觉，即味觉、嗅觉、视觉、触觉和听觉，对菜肴感官品质所引起反应的一种科学的方法。通俗地讲就是以“人”为工具，利用科学客观的方法，借助人的眼睛、鼻子、嘴巴、手及耳朵，并结合心理、生理、物理、化学及统计学等学科，对菜肴进行定性、定量的测量与分析，了解人们对菜肴的感受或喜爱程度，并测知菜肴本身质量的特性。

感官评价的原理和实践包括定义中所提及的4种活动如下。

1）唤起：是指应在一定的可控条件下制备和处理样品，使得偏见因素最小的原则。它指明样品应是随机的，感官评价应在专门的检验室完成，所有评价程序尽可能不影响检验人员感觉器官的正常发挥。

2）测量：感官评价是一门定量的科学，通过采集数据在产品性质和人的感知之间建立起合理的、特定的联系，应考虑精度、准确度、敏感度，而避免错误的结论。

3）分析：适当的数据分析是感官评价的重要部分。通过人感官而产生的数据有时不完全一致，同时检验人员之间也不尽相同，这就需要数理统计方法对测量数据进行分析评价。

4）解释：这一过程是对结果的解释，它是基于数据、分析，所作出的合理判断。

二、感官评价的发展

虽然感官评价自有人类以来就一直存在，但都是最基本的简单的感官检验，依赖的是个人的经验积累与传承，没有上升到理论，食品感官评价技术是随食品工业发展的需要而诞生的。在20世纪30年代的美国，大部分的商品品质完全依赖少量具有多年经验的专家意见来判定，但是，以师傅教徒弟的方式培养专家的速度跟不上食品工厂与产量增加的速度，统计学的缺乏又使专家的意见逐步失去了代表性，而且专家的经验不能真正反映消费者的意见。为此，1931年，Platt提出产品的研发不可忽视消费者的接受性，并且提出应该废除超权威的专家，使真正具有品评能力人员的工作更具有科学性。

感官评价在20世纪40年代后期至50年代曾引起世人广泛的关注。Arthur D Little公司引进了风味剖面法，一种更减少对技术专家依赖的定性描述型方法，虽然技术专家概念在过去和将来都颇受关注，但是风味剖面法却以有6位专家的小组（经培训）代替个人求得一致性的结论，推动了正式描述法的形成及专业感官评价员群体的形成。

到了20世纪80年代，感官评价技术开始蓬勃发展，越来越多的企业成立感官评价部门，建立品评小组，各大学成立研究部门并纳入高等教育课程，感官评价成为食品科学领域五大学科之一。进入21世纪以来，感官科学与感官评价技术不断融合了其他领域的知识，如统计学家引入更新的统计方法及理念、心理学家开发出的心理行为观念、生理学家修正人类感官反应的方法等，通过逐步融合多学科知识，发展成为感官科学；在技术方面，通过不断同新科技结合，发展出了更准确、更快速或更方便的方法。

第二节　感官评价的环境条件

在食品感官评价过程中，环境条件对菜肴感官评价有很大的影响，这种影响主要体现在两个方面，即对感官评价人员心理和生理上的影响，以及对样品品质的影响。通常，感官评价环境条件的控制都从如何创造最能发挥感官作用的氛围及减少其对评价人员的干扰和对样品质量的影响着手。因此，要从这些要求出发，结合实验类型去考虑感官评价室的设置和各种条件的控制。

一、感官评价室的要求

实验区内的环境条件专指实验区工作环境内的气象条件，它包括温度、湿度、换气速度和空气纯净程度。

（1）温度和湿度

感官评价人员对菜肴的喜好和味觉常会受到环境中温度、湿度的影响。当感官评价员处于不适当的温度、湿度环境中时，由于感官同样处在不良的环境中。因此，或多或少一些生理上的反应将对感官评价影响极大。所以，在实验区内最好有空气调节装置，使实验区的温度恒定在20～22℃，湿度保持在50%～55%。

（2）气味

感官分析的环境必须是无味的，单独的实验间容易产生和存留不需要的气体。因此，对实验区应考虑有足够的换气速度。为保证实验区内的空气始终清新，换气速度以0.5 min

左右置换一次为宜。空气纯净程度主要体现在进入实验区的空气是否有气味和实验区内有无散发气味的材料及用具。前者可在换气系统中增加气体交换器和活性炭过滤器去除异味；后者则需在建立感官评价室时，精心选择所用材料，避免使用有气味的材料。

（3）光线和照明

光线的明暗决定视觉的灵敏性。人眼最适合白天自然光，感官分析室的采光可以利用自然光，但自然光随时间、季节不同而变化很大，需要采用窗帘和百叶窗调节光线。实验区的灯光要求照明均匀、无阴影、具有灯光控制器，使评价员能正确评价样品特性。通常使用红色、绿色、黄色遮盖样品的不同颜色。对于菜肴来说，红色过滤光经常被使用。以肉制品为例，主要是为了降低由于烹调方法而造成的评价影响。

（4）评价室的位置

噪声会影响人的听力，使人的血压升高，注意力下降，感官评价实验要求在安静、舒适的气氛中进行。评价室的位置设置要远离噪声源，如道路、噪声较大的机械等。若感官评价是设置在建筑物内，则应避开噪声较大的门厅、楼梯口、主要通道等。因此，应制订一些制度以保证感官评价室的安静，如实验期间禁止在实验区及其附近区域谈话，禁止在实验区装电话等。

（5）装饰材料的颜色

检验区墙壁的颜色和内部设施的颜色应为中性色，以免影响检验样品。推荐使用乳白色或中性浅灰色。

样品制备区的环境条件除应满足实验区对样品制备的要求外，还应充分重视样品制备区的通风性能，以防止制备过程中样品气味传入实验区。样品制备区应与实验区相邻，且使感官评价人员进入实验区时不能通过样品制备区，样品制备区内所使用的器皿、用具和设施都应无气味。

二、感官评价室的设计

感官评价室由三个基本部分组成：实验区、样品制备区和集中工作区（图 8-1）。若条件允许，也可设置一些附属部分，如办公室、休息室等。

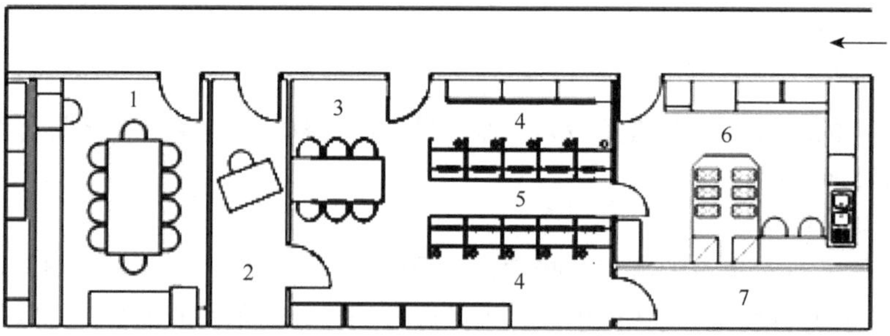

图 8-1　感官评价室的基本构成

1. 会议室；2. 办公室；3. 集中工作区；4. 检验隔档；5. 分发区；6. 制备区；7. 贮藏室

1. 实验区

早期的食品感官评价实验区因经济原因或使用频率低，通常没有专门的鉴评小间，往往采用一些临时性的布置，通常是将一张实验台分割成6～10个间隔，每个小隔间的桌面上都摆放上待测的样品，这样可以防止评价员互相接触从而避免受到干扰。按这种方式，普通实验室经过整理后也可暂时作为感官评价室。

现在所使用的感官评价室实验区通常由多个（6～10个）相邻的而又互相隔开的评价小间构成。评价小间面积很小（0.9m×0.9m），只能容纳一名感官评价人员在内独自进行感官评价实验。每个评价小间内要有一个小窗口，用来传递样品。小间内要带有供评价人员使用的工作台和座椅，同时要备有一大杯漱口用的清水和吐液用的容器，最好在工作台上配备固定的水龙头和漱口池。通常评价小间内还要配备数个一次性纸杯、餐巾纸、答题用的铅笔、电源插座和控制本房间的电源开关。

2. 样品制备区

样品制备区是准备感官评价实验样品的场所。该区域应靠近实验区，但又要避免评价人员进入实验区时经过制备区看到所制备的各种样品和闻到气味而对评价结果产生影响，也应该防止制备样品时的气味传入实验区。实验区和样品区从不同的路径进入，而制备好的样品只能通过评价小间隔板上带活动门的窗口送入评价小间工作台。也有些感官评价室将实验区和样品制备区分别布置于相邻的房间内，这种布置方式在样品呈送上不及前面的布置合理。

3. 集中工作区

集中工作区是进行感官检验辅助工作的场所。它应靠近实验区并与之隔开。办公室应有适当的空间，使管理人员能进行检验的计划、表格的设计、表格的处理、数据的统计分析、写检验报告等，并且在需要时可开会讨论。

第三节　菜肴样品的制备和呈送

样品是感官评价的受体，样品制备的方式、呈送至鉴评人员的方式，对感官评价实验能否获得准确而可靠的结果有重要的影响。

一、样品的制备

（1）器皿和用具

在食品感官评价的样品准备工作中，经常会使用的仪器和工具有量筒、天平、温度计、秒表等。准备过程中还会用到一些大的容器，用来混合或存放某些样品，这些容器应该是陶瓷、玻璃或不锈钢制成的，尽量避免使用易带来气味的塑料器具。

菜肴感官评价实验所用器皿应符合实验要求，同一实验内所用器皿最好外形、颜色和大小相同。器皿应为无色、无气味、清洗方便的玻璃或陶瓷器皿。实验器皿和用具的清洗应慎重选择洗涤剂，不应使用会遗留气味的洗涤剂。

（2）控制样品量

感官评价人员在感官评价实验期间，理论上可以评价许多不同类型的样品，但考虑到评价人员的感官和精神上的疲劳等影响因素，每一阶段提供给评价人员的样品就有数量上的限制。通常啤酒是6～8个，饼干的上限是8～10个，对于气味很重的样品，如苦味物质或者含油脂很高的食品，每次只能提供1～2个，对含酒精饮料和带有强刺激感官特性如辣味的菜肴，可鉴评样品数应限制在3～4个。而对于只进行视觉评价的菜肴，每次可提供的样品数可以达到 20～30 个。

（3）样品的均一性

均一性是指制备的样品除所要评价的特性外，其他特性应完全相同。在样品制备中要达到均一的目的，除精心选择适当的制备方式以减少出现特性差别的机会外，还应选择一定的方法加以掩盖样品间的某些明显的差别。对不希望出现差别的特性，可选择适当的方法予以掩盖。例如，在品评某样品的风味时，就可使用无味的色素物质掩盖样品间的色差，使检验人员在品评样品风味时，不受样品颜色差异的干扰。

二、样品的呈送

样品的呈送方式对感官评价结果的准确性同样具有很大的影响，在样品的呈送过程中要注意以下几个方面。

（1）样品的温度

要保证每个鉴评人员得到的样品的温度是一致的，当样品数量较大，这一点尤其重要。只有以恒定和适当的温度提供样品才能获得稳定的结果。样品温度的控制应以最容易感受样品的所评价特性为基础，通常是将样品温度保持在该种产品日常食用的温度。表 8-1 是样品呈送时的最佳温度。

表 8-1　几种样品在感官评价时最佳呈送温度

品种	最佳温度 /℃	品种	最佳温度 /℃
啤酒	11～15	食用油	55
白葡萄酒	13～16	肉饼、热蔬菜	60～65
红葡萄酒	18～20	汤	68
乳制品	15	面包、糖果	室温
冷冻橙汁	10～13		

（2）样品的编号

为了更好地进行实验结果的统计，样品都必须在呈送给鉴评人员之前进行编号。不适当的样品编号通常会对评价人员产生某种暗示作用。样品可以用数字、拉丁字母或字母和数字结合的方式进行编号。一般来说，在给样品编号时，不使用一位或两位的数字或字母，能够代表产品公司的数字、字母或地区号码也不能用来作为编号。用数字编号时，最好采用从随机数字表上选择三位数的随机数字。用字母编号时，则应避免按字母顺序编号或选择喜好感较强的字母（如最常用字母、相邻字母、字母表中开头与结尾的字母等）进行编号。

（3）样品的摆放顺序

呈送给评价员的样品的摆放顺序也会对感官评价实验结果产生影响。摆放过程中要遵循“平衡”的原则，让每一个样品出现在某个特定位置上的次数是一样的。通常采用的摆放方法是圆形摆放法。

有些实验样品由于风味浓郁或物理性质（如黏度、颜色、粉状度等）原因而不能直接进行感官分析，如香精、调味料、糖浆等。为此，需根据检查目的进行适当稀释，或与化学组分确定的某一物质进行混合，或将样品添加到中性的载体中，再按照常规样品的制备方法进行制备与分发、呈送。

第四节　感官评价的人员

感官评价是以人作为测量仪器的一种实验，感官评价人员在实验中起着至关重要的作用。因此，鉴评员的选择和筛选是使感官评价实验结果可靠和稳定的首要条件。

一、感官评价人员的类型

感官评价实验种类繁多，各种实验对参加人员的要求不完全相同。同时，能够参加菜肴感官实验的人员在感官评价上的经验及相应的训练层次也不相同。通常把参加感官评价实验的人分为以下5类。

（1）专家型

专家型是食品感官评价人员中层次最高的一类，专门从事产品质量控制、评估产品特定属性与记忆中该属性标准之间的差别和评选优质产品等工作。此类评价人员数量最少而且不容易培养，如品酒师、品茶师等则属于这一类人员。他们不仅需要积累多年专业工作经验和感官分析经历，而且在特性感觉上具有一定的天赋，在特征表述上具有突出的能力。

（2）消费者型

消费者型是感官评价人员中代表性最广泛的一类。通常这种类型的评价人员由各个阶层的食品消费者代表组成。与专家型感官评价人员相反，消费者型感官评价人员仅从自身的主观愿望出发，评价是否喜爱或接受所实验的产品及喜爱和接受的程度。这类人员不对产品的具体属性或属性间的差别作出评价。

（3）无经验型

无经验型是一类只对产品的喜好和接受程度进行评价的感官评价人员，但这一类人员不及消费者型代表性强。一般在实验室小范围内进行感官分析，由所检验产品的有关人员组成，无需经过特定的筛选和训练程序，根据情况轮流参加感官分析实验。

（4）有经验型

有经验型是通过了感官分析评价员筛选实验，并具有一定分辨差别能力的感官评价人员。他们可以专业从事差别类实验，但要经常参加有关的差别实验，以保持分辨差别的能力。

（5）训练型

有经验型感官评价人员经过进一步筛选和训练则成为训练型感官评价人员。通常他们都具有描述产品感官品质特性及特性差别的能力，专门从事对产品特性的评价。

以上5种类型的感官评价人员，由于各种因素的限制，通常建立在感官实验室基础上的感官分析员组织都不包括专家型和消费者型，只考虑其他3类人员。

二、感官评价人员的筛选

在感官实验室内参加感官评价实验的人员大多数都要经筛选程序确定。筛选程序包括挑选候选人员和在候选人员中通过特定实验手段筛选两个方面。

（一）感官评价候选人的选择

感官评价的评价人员来源通常没有什么限制，在实际中为了实验的方便，评价人员通常来自组织机构内部，如研究机构内部、大学食品系内部或食品公司的研发室内部。

当所需人数较多时，就需要从外界进行招募。感官评价实验组织者可通过发放问卷或面谈的方式了解参选人员的相关信息，从中选出感官评价的候选人。尽管不同类型的感官评价实验方法对评价人员要求不完全相同，但下列几个因素在挑选各类型感官评价人员时都是必须考虑的。

（1）动机与兴趣

对参加感官评价人员的一个最基本的要求是必须自愿参加。在自愿参加的基础上，再由实验的组织者进行选择、筛选和培训。兴趣是调动主观能动性的基础，只有对感官评价感兴趣的人，才会在感官评价实验中集中注意力，并圆满完成实验所规定的任务。因此，在候选人员的挑选过程中，组织者要通过一定的方式，让候选人知道进行感官评价的意义和参加实验人员在实验中的重要性。之后，通过反馈的信息判断各候选人员对感官评价的兴趣。

（2）准时性

感官评价实验要求参加实验的人员每次都必须按时出席。实验人员迟到不仅会浪费别人的时间，而且会造成实验样品的损失和破坏实验的完整性。此外，实验人员的缺席率会对结果产生影响。经常出差、旅游和工作任务较多难以抽身的人员不适宜作为感官评价实验的候选人。

（3）表达能力

感官评价实验所需的语言表达及叙述能力与实验方法相关。差别实验重点要求参加实验者的分辨能力，而描述性实验则重点要求感官评价人员叙述和定义出产品的各种特性。这种良好的语言表达能力可在面试和筛选检验中显示出来。在选拔描述性检验的候选评价员时要特别重视这方面的能力。

（4）身体健康状况

感官评价实验候选人应挑选身体健康、感觉正常、无过敏症、无服用影响感官灵敏度药物的人员。戴假牙者不宜担任某些质地特性的感官评价。感冒或短期过度疲劳、怀孕等不应成为淘汰候选评价员的理由，但暂时不能参加感官评价实验。

（5）对样品的态度

应了解候选评价员是否对某些评价对象特别厌恶，特别是对将来可能评价菜肴的态度。作为感官评价实验的候选人必须能客观地对待所有的实验样品，即在感官评价中根据要求去除对样品的好恶，否则就会因为对样品偏爱或厌恶造成评价偏差。

【例】感官评价员筛选常用表

风味评价员筛选调查表

个人情况：

姓名：________　　性别：________　　年龄：________

职业：________　　地址：________　　联系电话：________

你从何处听说我们这个项目？________________________

时间：

（1）一般来说，一周中，你的时间怎样安排？空余时间是哪天？

____

（2）从 × 月 × 日到 × 月 × 日之间，你是否要外出，如果外出，需要多长时间？

____

健康状况：

（1）你是否有下列情况？

假牙 ________________

糖尿病 ________________

口腔或牙龈疾病 ________

食物过敏 ______________

低血糖 ________________

高血压 ________________

（2）你是否在服用对感官有影响的药物，尤其对味觉和嗅觉？

____

饮食习惯：

（1）你目前是否在限制饮食？如果有，限制的是哪种食物？

____

（2）你每月有几次在外就餐？ ______________________

（3）你每月吃速冻食品有几次？ ____________________

（4）你每个月吃几次快餐？ ________________________

（5）你最喜爱的食物是什么？ ______________________

（6）你最不喜欢的食物是什么？ ____________________

（7）你不能吃什么食物或是否有宗教禁忌？ __________

（8）你不愿意吃什么食物？ ________________________

（9）你认为你的味觉和嗅觉辨别能力如何？ __________

	嗅觉	味觉
高于平均水平	__________	__________
平均水平	__________	__________
低于平均水平	__________	__________

（10）你目前的家庭成员中有人在食品公司工作吗？

____

（11）你是否抽烟？ ______________________________

风味小测验：

（1）如果一种配方需要香草香味物质，而手头又没有，你会用什么代替？

（2）还有哪些食物吃起来像奶酪？ ____________________________

（3）为什么往肉汁里加咖啡会使其风味更好？ ________________

（4）你怎样描述风味和香味之间的区别？ ____________________

（5）用于描述啤酒的最恰当的词语（一个或两个字） __________

（6）请对食醋的风味进行描述 ______________________________

（7）请对可乐的风味进行描述 ______________________________

（8）请对某种火腿的风味进行描述 __________________________

（9）请对苏打饼干的风味进行描述 __________________________

（二）感官评价候选人的筛选

感官评价人员的筛选工作要在初步确定评价候选人后再进行。筛选就是通过一定的筛选实验方法观察候选人是否具有感官评价能力，如普通的感官分辨能力；对感官评价实验的兴趣；分辨和再现实验结果的能力；适当的感官评价人员行为（合作性、主动性和准时性）。根据筛选实验的结果获知每个参加筛选实验人员在感官评价实验上的能力，从而决定候选人是否符合参加感官评价的条件。如果不符合，则被淘汰；如果符合，则进一步考察适宜作为哪种类型的感官评价员。

筛选实验通常包括基本识别实验（基本味或气味识别实验）和差异分辨实验（三点实验、顺位实验等）。有时根据需要也会设计一系列实验来多次筛选人员，或者采用初步选定的人员分组进行相互比较性质的实验。有些情况下，也可以将筛选实验和训练内容结合起来，在筛选的同时进行人员训练。

不同类型的感官评价实验所使用的感官评价人员的筛选方法也不同。

1. 区别检验感官评价人员的筛选

其目的是确定评价人员区别不同产品之间性质差异的能力，以及区别相同产品某项特性程度大小或强弱的能力。筛选工作可以通过匹配实验、区别实验和排序 / 分级实验来完成。例如，利用三点检验来对候选人感官灵敏度进行测试。向每个候选评价员提供两份被检材料样品和一份水或其他中性介质的样品；或一份被检材料的样品和两份水或其他中性介质。被检材料的浓度应在阈值水平之上。要求候选评价员区别所提供的样品。所用材料及浓度的例子见表 8-2。

表 8-2　三点检验常用材料及浓度举例

材料	室温下的水溶液浓度 /（g/L）	材料	室温下的水溶液浓度 /（g/L）
咖啡因	0.27	蔗糖	12
柠檬酸	0.60	3- 顺 - 己烯醇	0.4
氯化钠	2		

2. 分析或描述性实验评价人员的筛选

其目的是确定评价人员对感官性质及其强度进行区别的能力、对感官性质进行描述的能力以及抽象归纳的能力。筛选工作可以通过敏锐性实验、排序 / 分级实验及面试等形式来完成。例如，采用气味描述检验来测试候选评价员的描述气味刺激的能力。一次实验只提供给候选评价员一个样品，要求候选评价员描述或记录他们的感受。初次评价后，组织者可主持一次讨论，以便引出更多的评论以充分显露候选评价员描述刺激的能力。常用的材料见表 8-3。

表 8-3　气味描述实验常用材料举例

材料	由气味引起的通常联想物	材料	由气味引起的通常联想物
香兰醛	香草素	苯甲醛	苦杏仁
茴香脑	茴香	樟脑	樟脑丸
薄荷醇	薄荷	乙酸	醋
丁子香酚	丁香	丁酸	发哈喇味的黄油
辛烯 -3- 醇	蘑菇	乙酸 -3- 醇	花卉
乙酸异戊酯	水果	二甲基噻吩	烤洋葱

一般可以按以下的标度给候选评价员的结果打分：

描述准确的	5分
仅能在讨论后才能较好描述的	4分
联系到产品的	2～3分
描述不出的	1分

应根据所使用的不同材料规定出合格操作水平。气味描述检验的候选评价员其得分应达到满分的65%，否则不宜作这类检验。

在感官评价人员筛选的过程中，应注意下列几个问题。

1）最好使用与正式感官评价实验相类似的实验材料，这样既可以使参加筛选实验的人员熟悉今后实验中将要接触的样品的特性，也可以减少由于样品间差距而造成人员选择不适当。

2）在评价人员筛选过程中，要根据各次实验的结果随时调整实验的难度。难易程度取决于参加筛选实验人员识别气味或者差别判断的能力。在筛选过程中，以大多数人员能够分辨出差别或识别出味道（气味），但其中少数人员不能正确分辨或识别为宜。

3）参加筛选实验的人数要多于预定参加实际感官评价实验的人数。若是多次筛选，则应采用一些简单易行的实验方法，并在每一步筛选中随时淘汰明显不适合参加感官评价的人选。

4）多次筛选以相对进展为基础，连续进行直至挑选出人数适宜的最佳人选。

（三）感官评价人员的培训

每个感官评价员在感官上的差别是一种天性，是难以避免的。但培训好的品尝员，可以使每个人的反应保持稳定，这对于产品的分析结果能否作为依据是非常重要的。因此，要想得到可靠有效的实验结果，对感官评价员的培训是必不可少的。通过培训，可以发现有的人对某种食物或者制品具有特殊的挑拣能力和描述其特点的能力。这种能力是通过培训而得到启迪后具备的。

对感官评价人员进行培训的目的主要有以下几点。

1）提高和稳定感官评价人员的感官灵敏度。通过精心选择的感官训练方法，可以增加感官评价人员在各种感官实验中运用感官的能力，减少各种因素对感官灵敏度的影响，使感官经常保持在一定水平之上。

2）除偏爱检验以外，要求候选评价员在任何时候都要客观评价，不应掺杂个人喜好和厌恶情绪。所有参加训练的人员应明确集中注意力和独立完成实验的意义，实验中尽可能避免评价人员之间的谈话和讨论，使评价人员能独立进行实验从而理解整个实验，逐渐增强自信心。

3）降低外界因素对评价结果的影响。经过训练后，感官评价人员能增强抵抗外界干扰的能力，将注意力集中于感官评价中。

对于区别检验感官评价人员的培训，在实验前，要告诉感官评价人员一些注意事项。例如，在训练期间尤其是训练的开始阶段不能接触或使用有气味的化妆品及洗涤剂；避免味感受器官受到强烈刺激，不能喝咖啡、嚼口香糖、吸烟。在实验开始时，要认真向评价人员讲解本次实验的正确步骤，要求评价人员阅读实验指导书并严格执行。正式培训时，遵循由易到难的原则来设计培训实验，让感官评价人员理解整个实验。感官评价组织者还要向受训练的人员讲解感官评价的基本概念、感官分析程度及感官评价基本用语的定义和内涵，从基本感官知识和实验技能两方面对感官评价人员进行培训。

对于描述实验感官评价人员的培训，向受培训人员介绍一些描述性词汇，包括外观、风味、口感和质地方面的词汇，让他们能够了解各种不同类型菜肴的感官特性。正式培训时，准备一些差异比较小的样品，让受训人员对这些样品进行区别和描述。最后，让受训练人员对几个不同产品进行评价，并进行反复训练，增强感官评价人员的实践能力。

每次感官评价实验完成后，评价人员都应集中在一起，对结果和不同观点进行讨论，使意见达成一致，这对提高评价人员的描述和表达能力具有十分重要的意义。

（四）感官评价人员的考核

进行了一个阶段的培训后，需要对评价员进行考核以确定优选评价员的资格。从事特定检验的评价员小组成员就从具有优选评价员资格的人员中产生。每种检验所需要的评价员小组的人数见《感官分析方法总论》GB/T 10220—2012 及各专项方法标准。考核主要是检验候选评价员操作的正确性、稳定性和一致性。正确性，即考察每个候选评价员是否能正确地评价样品，如是否能正确区别、正确分类、正确排序、正确评分等。稳定性，即考察每个候选评价员对同一组样品先后评价的再现程度。一致性，即考察各候选评价员之间是否掌握同一标准作出一致的评价。

不同类型的感官分析评价实验要求评价员具有不同的能力，对于差别检验评价员要求其具有以下能力：区别不同产品之间性质差异的能力；区别相同产品某项性质程度的大小、强弱的能力。对于描述分析实验要求评价员具有以下能力：对感官性质及其强度进行区别的能力；对感官性质进行描述的能力，包括用言语来描述性质和用标尺描述强度；抽象归纳的能力。被选择作为适合一种目的的评价员不必要求他能适合于其他目的，不适合某种目的的评价员也不一定不适合于从事其他目的的评价。

第五节　菜肴感官评价方法

近年来，随着科学技术的发展和进步，感官评价方法的应用也越来越广泛。目前常用于食品领域中的方法有数十种之多，按应用目的可分为情感（嗜好）型和分析型两类。在分析型中，一种主要是描述产品，另一种是区分两种或多种产品，区分的内容有确定差别，包括确定差别的大小、确定差别的影响等。按方法性质又可分为差别检验、标度和类别检验，以及描述性分析检验。

一、差别检验

差别检验的目的是要求评价员对两个或两个以上的样品，作出是否存在感官差别的结论。差别检验的结果，是以作出不同结论的评价员的数量及检验次数为基础，进行概率统计分析。

（一）两点检验法

两点检验法是以随机顺序同时出示两个样品给评价员，对这两个样品进行比较，判断两个样品间是否存在某种差异及其差异方向（如某些特征强度的顺序）的一种评价方法，又称配对检验法。这是最简单的一种感官评价方法，每次检验中每个样品的猜测性（有差别或无差别）概率值为 1/2。如果说增加检验次数至 n 次，那么这种猜测性的概率值将降至 $1/2^n$。

1）应用范围：用于判断两个样品间是否存在某种差异及其差异方向。

2）实验过程：把A、B两个样品同时呈给品评人员，要求品评人员根据要求进行评价。在实验中，应使样品A、B和B、A这两种次序出现的次数相等，样品编码可以随机选取3位数组成，且每个品评人员之间的样品编码尽量不重复。

3）技术要点：第一，差异识别。统计学分析中，在得出某一结论之前，应事先选定某一显著性水平。所谓显著水平，是当原假设是真而被拒绝的概率（或这种概率的最大值），也可理解为得出这一结论所犯错误的可能性。在感官分析中，通常选定5%的显著水平可认为是足够的。原假设一般是这样：两种样品之间在特性强度上没有差别（或对其中之一没有偏爱）。对5%的水平用“显著”一词表示，而对1%的水平用“非常显著”一词表示。第二，嗜好性检验，即要求评定最喜欢哪个样品。从有效评价表中收集较喜欢A的回答数和较喜欢数B的回答数，用回答较多的数查两点检验法差异检验表，与各显著水平的数比较，若此数大于或等于某显著水平相应数字，则说明两样品的嗜好性有差异，否则说明两样品间嗜好性无显著差异。

举例说明：

30名评价员，采取两点检验法，对2种菜肴304、527判断有差别或无差别，并填写两点检验法评价表（表8-4）。

表8-4　两点检验法评价表

姓名：	产品：	日期：
（1）请评价您面前的两个样品，两个样品是否存在差异（是或不是）		
（2）两个样品中，您更喜欢的是		
（3）请说出您的选择理由		

1）收集有效评价表，统计结果如下：①20人选择304、527两样品有差异，10人选择两样品无差异；②18人选择更喜欢304，12人选择更喜欢527。

2）结果分析：①差异检验，从统计结果可见：检验次数$n=30$（次），有差别次数$x=20$（次）。查两点检验差异检验表，$n=30$时，$x=20=20$人（5%），说明在5%的显著水平上304、527间有显著性差别。②嗜好检验，统计有效回答表，18人回答喜欢304，查两点检验法差异检验表，$x=18>13$（5%），说明在5%的显著水平上304、527两样品中，304更受欢迎（或偏爱）。

（二）三点检验法

三点检验法是差别检验当中最常用的一种方法，是由美国的Bengtson及其同事一起发明的。在检验中，将三个样品同时呈送给品评人员，并告知品评人员其中两个样品是一样的，另外一个样品与其他两个样品不同，请品评人员品尝后，挑出不同的那一个样品，概率为1/3。

1）应用范围：对原料、加工工艺、包装或贮藏条件发生变化，确定产品感官特征是否发生变化时，三点检验法是一个有效的方法。三点检验法可应用在产品开发、工艺开发、产品匹配、质量控制等过程中。

2）实验过程：向实验员提供一组已经编码的样品，编号是随机3位数，每次均不相同，其次两个样品是相同的，要求评价员挑出其中单个的样品。每组的3个样品有6种可能的排列次序：AAB、BBA、ABA、BAB、BAA、ABB。受试者按照从左到右的顺序品尝样品，然后找出与其他两个样品不同的那一个，如果找不出，也要必须猜一个答案，即强迫答案。

3）技术要点：第一，多个评价员按规定次序的检查组检验样品，呈送给每个评价员的样品次序在同一系列检验中应相同。第二，在评价同一组 3 个被检样品时，评价员对被检样品应有重复检验的机会。对样品的消费人群来进行针对性调查。第三，通常，三点检验法要求评价人员人数在 20～40，如果产品之间的差别非常大，很容易被发现时，12 名评价人员即可。在进行评价时，要使得每个样品在每个位置上安排的次序相同，所以，总的样品组数和评价员数量应该是 6 的倍数。如果样品数量或评价员的数量不能实现 6 的倍数，也至少应该做到 2 个“A”一个“B”的样品组和 2 个“B”一个“A”的样品组的数量一致。

（三）2-3 点检验法

2-3 点检验法由 Peryam 和 Swartz 于 1950 年发明。在检验中，每个评定人员也是得到 3 个样品，其中一个标明“参照样”，识别“参照样”的属性后，要求评定者从另外两个样品中选出与参照样品相同的一个，概率为 50%。

1）应用范围：2-3 点检验从统计学上讲其检验效率不如三点检验，因为它是从两个样品中选出一个，猜中的概率更大。但这种方法比较简单，容易理解。其可应用于原料、烹调工艺发生变化时确定样品感官特征是否发生变化，或者在无法确定某些具体性质的差异时，确定两种样品之间是否存在总体差异。

2）实验过程：1∶2 比较法是指先供给试样 X，让评审员记住它的特性（这个试样称明试样），然后同时供给用暗号表示的试样 X 和 Y（因为评审员事先不知两个试样的内容和特性，故称暗试样），让评审员判断两个暗试样中哪个是试样 X 的实验。

3）技术要点：第一，两个样品作为对照的概率相同；第二，鉴评对照样品后进行识别；第三，通常参加评定的最少人数是 16，如果人数在 30～40 或者更多，实验效果会更好。

（四）5 选 2 检验法

5 选 2 检验法是检验两种产品间总体感觉差异的一种方法，当可用的评价员人数比较少时，可应用该方法。在检验中，每个受试者得到 5 个样品，其中 2 个是相同的，另外 3 个是相同的，要求受试者在品尝之后，将 2 个相同的产品挑出来。

1）应用范围：5 选 2 检验法用来确定样品之间是否存在差异。由于要同时评定 5 个样品，检验中受感官疲劳和记忆效应的影响比较大，一般只用于视觉、听觉和触觉方面的实验，而不用来进行气味或滋味的检验。

2）实验过程：将实验样品按以下方式进行组合，如果参评人数低于 20 人，组合方式可以从以下组合中随机选取，但含有 3 个 A 和含有 3 个 B 的组合数要相同。

AAABB	AABAB	ABAAB	BAAAB
AABBA	ABABA	BAABA	ABBAA
BABAA	BBAAA	BBBAA	BBABA
BABBA	ABBBA	BBAAB	BABAB
ABBAB	BAABB	ABABB	BABAB
ABBAB	BAABB	ABABB	AABBB

3）技术要点：评价员必须经过培训，一般需要的人数是 10～20 人，当样品之间的

差异较大，容易辨别时，5 人也可以。

（五）“A” - “非 A” 检验法

“A” - “非 A” 检验不是最常用的方法，但在 2-3 点检验和三点检验不适宜使用时可用该方法。该方法最早是由 Pfaffmann 等于 1954 年建立的。

1）应用范围：“A” - “非 A” 检验实质上是一种顺序成对差别检验或简单差别检验。当实验者不能使两种类型样品有严格相同的颜色、形状或大小，但样品的颜色、形状或大小与研究的目的不相关时，经常采用 “A” - “非 A” 检验。但是，在颜色、形状或大小上的差别必须非常微小，而且只有当样品同时呈现时差别才比较明显。

2）实验过程：在评价员熟悉样品 “A” 以后，再将一系列样品提供给评价员，其中有 “A” 也有 “非 A”。要求评价员指出哪些是 “A” 哪些是 “非 A” 的检验方法称 “A” - “非 A” 检验法。

3）技术要点：评价员没有机会同时评价样品，他们必须根据记忆比较这两个样品，并判断它们是相似还是不同。因此，评价员必须经过训练，以理解评价单所要求的任务，但不需要接受特定感官性质的评价训练。评价员在检验开始之前要对明确标示为 “A” 和 “非 A” 的样品进行训练。

（六）成对比较检验

如果要确定两个样品（A 和 B）间某个特定的感官性质是否有差异，如哪个样品更甜或更酸等感官性质，易采用成对比较检验。

1）应用范围：可以应用于产品和工艺开发、质量控制等方面，也常用于决定是否使用更为复杂方法之前使用。

2）实验过程：将两个样品同时呈送给评价员，评价员从左向右评定样品规定的感官性质，然后作出选择。一般情况下要求评价员一定要作出选择，如果感觉不到差异可以猜测，不许作出“没有差别”的判断，因为这样会给结果的统计分析带来困难。

3）技术要点：第一，样品 AB 和 BA 在配对样品中出现次数均等，并同时随机地呈送给评价员；第二，连续提供几个成对样品时，应减少样品使用量；第三，提问方式要避免倾向性，依据不同的检验目的进行提问；第四，一般要求 20～50 名评价人员进行实验，最多可以用 200 人或者 100 人，每人品尝 2 次，实验人员要么都接受过培训，要么都没接受过培训，但在同一个实验中，评价人员不能既有受过培训的也有没受过培训的。

二、标度和类别检验

（一）排序检验法

排序检验法可以同时比较多个样品间某一特定感官性状（如甜度、风味强度等）的差异。排序检验是进行多个样品性质比较的最简单的方法，但得到的数据是一种性质强弱的顺序，不能提供任何有关差异程度的信息，两个位置相邻的样品无论差别非常大还是仅有细微差别，都是以一个秩序单位相隔。

1）应用范围：当要比较多个样品特定感官性质差异时，样品数量较少，如 3～8 个，且刺激不太强、不容易发生感官适应时，可以采用随机组设计方案。此时，将评价员看成是区组，每个评价员评定所有的样品，各评价员得到的样品以随机或平衡的次序呈送，即随机完全区组设计或随机区组设计。

2）实验过程：以平和或随机的顺序将样品同时呈送给评价员，评价员根据要评定的感官性质的强弱将样品进行排序。如果有 n 个样品，用 1，2，…，n 的数字表示样品的排列顺序，一般情况下，1 表示最弱，n 表示最强。如果对相邻两个样品的次序无法确定，鼓励评价员猜测；如果实在猜不出，可以有相等的选择。一次评价只能评定一个感官性质。

3）技术要点：第一，检验前应由组织者对检验提出具体的规定，对被评价的指标和准则要有一致的理解。如需要对哪些特性进行排序；排序的顺序是从强到弱或者从弱到强；检验时操作要求如何；评价气味时需不需要摇晃等。第二，排序检验只能按一种特性进行，如要求对不同的特性排序，则按不同的特性安排不同的顺序。检验时，每个评价员以实现确定的顺序检验编码的样品，并安排出一个初步的顺序，然后整理比较，再作出进一步的调整，最后确定整个系列的强弱顺序。对于不同的样品，一般不应排为同一位次，当实在无法区别两种样品时，应在回答表中注明。第三，进行感官刺激的评价时，可以让评价员在不同的评价之间使用水、淡茶或无味面包等以恢复原感觉能力。第四，评价应在规定的时间内完成。

应用举例：用排序检验法，由 5 位评价员对 5 道“蚝油牛肉”的味道进行喜欢程度的评价。每个评价员通过对 5 道“蚝油牛肉”品尝进行嗅觉及味觉的评价，根据个人的感受填写排序检验评价表，见表 8-5。并将各排序检验评价表的结果进行统计，填写排序检验统计表（表 8-6）。

表 8-5 排序检验评价表

评价内容	评价结果				
品尝并评价 5 道“蚝油牛肉”，将您对菜肴的味道的喜欢程度排出顺序，在相应的位置填入样品号	1 喜欢	2 比较喜欢	3 喜欢	4 不太喜欢	5 不喜欢

表 8-6 5 道“蚝油牛肉”喜欢程度的排序表

	503	145	267	384	465
1	2	1	4	2	5
2	1	2	4	3	5
3	2	4	5	1	3
4	1	2	4	3	5
5	1	3	5	2	4
排序和 T	7	12	22	11	22

根据评价员数（5）和样品数（5），查排序检验法检验表，得出以下临界值表（表 8-7）。

表 8-7 $J=5$、$p=5$ 临界值表

显著性水平	5%	1%
上段	8～22	7～23
下段	10～20	8～22

注：J 代表评价员人数；p 代表样品数

将每个样品的排序和 T 与上段的最大值及最小值比较，若所有的排序都在上段范围内，说明在该显著性水平，样品间无显著差异。若 T<最小值或 T>最大值，则说明在显著性水平，样品间有显著差异。由表 8-7 可见，最小 T<8（5%），最大 T=22（5%），说明在 5% 显著性水平，5 道菜肴样品间有显著差别。

根据下段，可以确定样品间的差异程度。若排序和在下段范围内的，可列为一组，这组内的样品间无显著差别。排序和在下段范围的下限及上限之外的样品可分别为一组。这样，5 道菜肴样品可分为 3 组：(503)，(145、384)，(267、465)。由此可得出结论，在 5% 的显著水平上，样品 503 最受欢迎；145、384 次之，且 145 与 384 之间无显著差别，267 与 465 不受欢迎，且 267 与 465 之间无显著差别。

（二）分类检验法

评价员评价样品后，按照预先定义的类别，将样品进行分类的方法称为分类检验法。检验过程中样品应以随机的顺序出示给评价员。

1）应用范围：当样品打分有困难时，可用分类法评价出样品的好坏差别，得到样品的优劣分级，也可以鉴定出样品的缺陷等。

2）实验过程：首先确定待检样品的类别，评价员按顺序评价样品后，将样品进行分类，比较两种或多种产品落入不同类别的分布，计算出各类别的期待值，根据实际测定值与期待值之间的差值，从而得出每一种产品应属的级别。

3）技术要点：正确选择词汇对准确描述样品的感官特性及解释实验结果起着至关重要的作用，如果评价员没有经过培训，那么一定要使用普通的、非专业的词汇。

（三）评分检验法

要求评价员把样品的品质特性，以数字标度形式来评价的一种检验称为评分检验。

1）应用范围：可用于鉴评一种或多种菜肴的一个或多个指标的强度及其差异，特别适用于鉴评新菜肴。

2）实验过程：首先应确定所使用的标度类型，使评价员对每一个评分点所代表的意义有共同的认识。样品的出示顺序可随机排列。

3）技术要点：检验前，首先应确定使用的标度类型，使评价员对每一个评分点所代表的意义有共同的认识。样品出示顺序可利用拉丁法随机排列。检验时，两个样品的评分可以相同，也可以不同，且它们之间的评分差别可大可小。

（四）标度检验法

从感官评价的定义中知道，它是一门度量的科学，度量是感官体验进行量化的关键一步，在此基础上才能将数据进行统计分析。标度检验不但可以使用数字来表达样品性质的强度（甜度、硬度、柔软度），而且可以使用词汇来表达对该性质的感受（太软、正合适、太硬）。如果使用词汇，应该将该词汇和数字对应起来。例如，非常喜欢=9，非常不喜欢=1，这样就可以将这些数据进行统计分析。感官评价中常用的标度有类项标度法、线性标度法和量值评估标度法。

三、描述性分析检验

评价员对产品的所有品质特性进行定性、定量的分析及描述评价，这种方法称为描述性分析检验。它要求评价产品的所有感官特性，包括外观色泽、嗅闻的气味特征；品尝后口中的风味特征，包括味觉、嗅觉及口腔的冷、热、收敛等知觉和余味；产品的组织特性及质地，包括硬度、凝聚度、黏度、附着度和弹性 5 个基本特征，以及碎裂度、固体食物咀嚼度、半固体食物胶密度三个从属特性；产品的几何特性，特指产品颗粒、形态及方向物性，是否有平滑感、层状感、丝状感、粗粒感等，以及油、水含量感，如油感、湿润感等。

描述性分析检验可以是全面的也可以是部分的。例如，对茶饮料的评价可以是食用之前、食用之中和食用之后的所有阶段，也可以只侧重某一阶段。在检验过程中，要求评价员除具备人体感知食品品质特性和次序的能力外，还要具备描述菜肴品质特性的专有名词的定义及其在菜肴中的实质含义的能力，以及总体印象或总体风格强度和总体差异分析能力。

（一）风味剖析法

风味剖面描述是最早的定性描述分析检验方法。这项技术是20世纪40年代末和50年代初，在Arthur D Little公司，由Loren Sjiostrom、Stanley Cairncross 和Jean Cauliflower等发展建立起来的。风味剖析首先被人们用于描述复杂的风味系统，这个系统测定了谷氨酸钠对风味感知的影响。品评人员通过味觉、味觉强度、嗅觉区别和描述等事宜进行筛选，然后进行面试，以确定品评人员的兴趣、参加实验的时间，以及是否适合进行品评小组这种集体工作。

实验的组织者要准确地选取样品的感官特性指标并确定适合的描述术语，制订指标检查表，选择非常了解产品特性、受过专门训练的评价员和专家组成5名或5名以上的评价小组进行品评实验，根据指标表中所列术语进行评价。

品评时，评价员围坐在圆桌旁单独品评样品，一次一个，对样品所含气味和风味感官特性、特性强度、出现顺序和余味进行评价，并记录结果。每个人的结果最后都交给品评小组组长，由他带领其他评价员进行讨论，综合大家的意见，对每个样品都形成一份经商讨而决定的结果，报告该样品的感官特性、强度、出现顺序和余味。

风味剖析法的优点是方便快捷，品评的时间大约为1h。该方法的结果通常不需要进行统计分析。这种方法存在的不足之处主要有：品评小组的意见可能被小组当中地位较高的人或具有“说了算”性格的人所左右，而其他评价员的意见则得不到体现；风味剖析法对品评人员的筛选没有包括对特殊气味或风味的识别能力的测试，而这种能力对某些产品是非常重要的，因此可能会对实验有所影响。

应用举例：盒装即食早餐的感官评价。

1）产品介绍：由某公司生产的即食早餐盒，内有面食、荤食和调味品的混合物，用开水或牛奶冲调，焖放数分钟即可食用。

2）评价目的：由该公司开发的早餐盒欲投放食醋，希望了解产品有无竞争力。

3）品评项目与强度标准：见表8-8。

表8-8　即食早餐盒评定项目与强度标准

项目	强度 1（弱）～9（强）	项目	强度 1（弱）～9（强）
主要风味		混杂味	
颜色		细腻味	
咸味		油味	
洋葱味		粉粒感	
鱼腥味		多汁性	
甜味		拌匀度	

4）评价与记录：将样品编码后随机呈递给评价员，一般第一个样品为对照样品，每位评价员独立进行样品品评，根据表 8-8 的评定项目和强度标准，在表 8-9 中记录下每个样品的感官特征强度。

表 8-9　描述性评定记录表

样品名称：　　　　　　　　　　　评价员姓名：　　　　　　　　　　　检验日期：

序号		主要风味	颜色	咸味	洋葱味	鱼腥味	甜味	混杂味	细腻味	油味	粉粒感	多汁性	拌匀度	综合评价
1	对照													
2	样品													
3														
4														

5）结果分析：在所有评价员的检验完成后，在组织者的主持下进行讨论，然后得出综合结论。综合讨论描述的依据是某描述词汇出现频率的多寡及特征强度，一般要求言简意赅、字斟句酌、力求符合实际。

（二）质地剖面分析

质地剖面分析，是通过系统分类、描述产品所有的质地特性（机械的、几何的和表面的）以建立产品的剖面。此法可在再现的过程中评价样品的各种不同特性，并且用适宜的标度表示特性强度。本方法可以单独或全面评价气味、风味、外貌和质地。适用于食品（固体、半固体、液体）或非食品类产品，并且特别适用于固体食品。

质地虽然不能像颜色和风味那样被消费者作为判断食品安全的指标，却可以用来表示食品质量。在一些食品中，能被人感知到的质地是产品最重要的感官特征，对这些产品而言，能够感知到的质地上的缺陷会对产品产生负面影响。例如，湿乎乎的薯片、软塌塌的炸牛排、发蔫的青椒，没有一个消费者愿意购买这样的产品，因此，对于消费者来说，食品质地也是十分重要的。美国学者将消费者常用的质地描述词汇和产品流变学特性联系起来，将产品能被感知到的质地特征分为 3 类，即力学特征、几何特征和其他特征（主要指食品的脂肪和水分含量），形成了质地剖析法的基础（表 8-10）。

表 8-10　质地评价用语

英文	中文	描述
appearance	外观	物质或物体的所有可见特性
odour	气味	嗅觉器官嗅某些挥发性物质所感受到的感官特性
aroma	芳香	通常与产品的腐败变质或转化作用有关的一种典型气味，一种带有愉快内涵的气味
flavour	风味	品尝过程中感知到的嗅感、味感和三叉神经感的复合感觉
firm/hard	硬	表示受力时对变形抵抗较大的性质（触觉）
soft	柔软	表示受力时对变形抵抗较小的性质（触觉）
crumble	易碎的	表示一用力便易成为小的不规则碎片的性质（触觉和视觉）

续表

英文	中文	描述
crispy	酥脆的	表示用力时伴随脆响而屈服或断裂的性质，常用来形容吃鲜苹果、芹菜、黄瓜、脆饼干时的感觉（触觉和听觉）
sticky	黏附性	表示咀嚼时对上颚、牙齿或舌头等接触面黏着的性质（触觉）
chewiness	咀嚼性	与黏聚性和咀嚼固体产品至可被吞咽所需时间或咀嚼次数有关的机械质地特性
tender	柔韧	表示对咀嚼引起的破坏有较弱的抵抗性质（触觉）
chewy	筋道	表示像口香糖那样对咀嚼有较持续的抵抗性质（触觉）
tough	坚韧	表示对咀嚼引起的破坏有较强的和持续的抵抗性质。近似质构术语中的凝聚性（触觉）
glutinous	黏稠状的	与发黏及黏附性视为同义语（触觉和视觉）
viscosity	黏性	与抗流动性有关的机械质地特性，它与将勺中液体吸到舌头上或将它展开所需力量有关
thin	稀疏的	是发稠的反义词（触觉和视觉）
thick	发稠的	表示流动黏滞的性质（触觉和视觉）
granularity	粒度	颗粒的大小和形状
smooth	滑润的	表示组织中感觉不出颗粒存在的性质（触觉和视觉）
fine	细腻的	结构的粒子细小而均匀的样子（触觉和视觉）
gritty	砂状的	表示小而硬颗粒存在的性质（触觉和视觉）
coarse	粗粒状的	表示较大、较粗颗粒存在的性质（触觉和视觉）
lumpy	多疙瘩状的	表示大而不规则粒子存在的性质（触觉和视觉）
flaky	薄层状的	容易剥落的层片状组织（触觉和视觉）
fibrous	纤维状的	表示可感到纤维样组织且纤维易分离的性质（触觉和视觉）
strings	多筋的	表示纤维较粗硬的性质（触觉和视觉）
gelatinous	果冻状的	形容具有一定弹性的固体。觉察不出组织纹理结构的样子（触觉、视觉和听觉）
foamed	泡沫状的	主要形容许多小的气泡分散于液体或固体中的样子（触觉和视觉）
spongy	海绵状的	形容有弹性的蜂窝状结构样子（触觉和视觉）
mouthfeel	口感	在口中（包括舌头、牙齿与牙龈）感知到的触觉，表示口腔对食品质构感觉的总称
body	浓的	质构的一种口感表现
burning	炽热的	描述一种在口腔内引起热感觉的产品（如辣椒、胡椒等）
pungent	刺激性的	描述一种能刺激口腔和鼻黏膜并引起强烈感觉的产品（如醋、芥末）
astringent	收敛性的	口腔中有黏膜收敛的感觉
hot	热的	有热的感觉
cold	冷的	有冷的感觉
cooling	清凉的	像吃薄荷那样，由于吸热而感到的凉爽
moisture	水分	描述感知到的产品吸收或释放水分的表面质地特性

续表

英文	中文	描述
dry	干的	口腔游离液少的感觉
moist	潮湿的	口腔中游离液的感觉既不觉得少又不感到多的样子
wet	润湿的	口腔中游离液有增加的感觉
watery	水汪汪的	因含水多而有稀薄、味淡的感觉
juicy	多汁的	咀嚼中口腔内液体有不断增加的感觉
fatness	脂肪含量	与感知到的产品脂肪数量或质量有关的表面质地特性
oily	油腻的	口腔中有易流动，但不易混合的液体存在的感觉
greasy	肥腻的	口腔中有黏稠而不易混合液体或脂膏样固体的感觉
waxy	蜡质的	口腔中有不易溶混的固体的感觉
mealy	粉质的	口腔中有干的物质和湿的物质混在一起的感觉
slimy	黏糊糊的	口腔中有黏稠而滑溜的感觉
creamy	奶油状的	口腔中有滑溜感
acid	酸的	描述由某些酸性物质（如柠檬酸、酒石酸等）的稀水溶液产生的一种基本味道
sweet	甜味的	描述由某些物质（如蔗糖）的水溶液产生的一种基本味道
bitter	苦味的	描述由某些物质（如奎宁、咖啡因等）的稀水溶液产生的一种基本味道
salty	咸味的	描述由某些物质（如氯化钠）的水溶液产生的一种基本味道
alkaline	碱味的	描述由某些基本物质的水溶液产生的一种基本味道（如苏打水）
astringent/harsh	涩味的	描述由某些物质（如柿单宁、黑刺李单宁）产生的使嘴中皮层或黏膜表面收缩、拉紧或起皱的一种复合感觉
sapid	有滋味的	
tasteless	无味的	
bland	平味的	描述风味不浓且无特色的产品
neutral	中味的	描述无任何明显特色的产品
flat	平淡的	描述对产品的感觉低于所期望的感官水平
insipid	乏味的	描述一种风味远不及期望水平的产品
after taste/residual taste	后味 / 余味	在产品消失后产生的嗅觉和（或）味觉。它有别于产品在嘴里时的感觉
hue	色泽	与波长的变化相应的颜色特性
shiny	有光泽的	描述可反射亮光的光滑表面的特性
saturation（of a colour）	亮度（一种颜色的）	一种颜色的纯度
luminance	明度	与一种从最黑到最白的序列标度中的中灰色相比较的颜色的亮度或黑度
transparent	透明的	描述可使光线通过并出现清晰映像的物体
translucent	半透明的	描述可使光线通过但无法辨别出映像的物体
opaque	不透明的	描述不能使光线通过的物体

在建立标准的评价技术时，要考虑产品正常消费的一般方式，包括：①食物放入口腔中的方式（如用前齿咬、用嘴唇从勺子舔、整个放入口腔中）。②弄碎食品的方式（如只用牙齿嚼、在舌头或上颚间摆弄、用牙咬碎一部分然后用舌头摆弄并弄碎其

他部分）。③吞咽前所处状态（如食品通常是作为液体、半固体，还是作为唾液中微粒被吞咽）。

所使用的评价技术应尽可能与食物通常的食用条件相符合。一般使用类属标度、线性标度或比率标度表示评价结果。

（三）定量描述分析

定量描述分析克服了风味剖析法和质地剖析法的一些缺点，同时还具有自己的一些特点，而它最大的特点就是利用统计方法对数据进行分析。所有的描述分析方法都使用20名以内的品评人员，对于定量描述分析法来说，一般使用10～12名评价员。具体操作步骤如下。

1）了解相关类似产品的情况，建立描述的最佳方法和统计评价识别的目标，同时，确定参比样品（纯化合物或具有独特性质的天然产品）和规定描述特性的词汇。

2）成立评价小组，并根据检验的目的设计出不同的检验记录形式。

3）根据所设计好的检验表格，评价员即可独立进行评价实验，按照感觉顺序，用同一标度测定每种特性强度、余味、滞留度及综合印象，记录评价结果。

4）检验结束，由评价组负责人收集评价员的评价结果，计算出各个特性特征强度（或喜好度）的平均值，并用表格或图形表示。

第六节　人机一体化感官评价技术

菜肴质地是除菜肴风味外对菜肴感官品质最为重要的品质因子，其评价方法分为两类：主观（感官）评价法及客观（仪器）测定法。由于菜肴的质地本质上是一种感官特性，因此感官评价法是最常用也是最合适的鉴别菜肴质地的方法。但是，感官评价有其内在的特点：样品必须同时同地制备并进行评价。反之，仪器测定可以随时随地检测并量化菜肴的物性参数，尽管这些参数必须通过感官的接受性来解释。仪器测量值可以对不同时不同地获得的样品给出可比性的具体数值，如对不同时不同地收获的蔬菜，可以进行仪器测定并对其物性参数加以比较。

一、物性仪

物性仪的发展可追溯到1861年诞生于德国的食品品质特性测定仪，为了克服感官评价存在的易受主观因素干扰等不足，100多年来，各国学者不断在仪器设计和方法改进上不懈努力，Warner在1926年发明了测量肉类质构指标的仪器，Szczeniak等在研究的基础上确定了更为科学的“质构剖面分析技术”（TPA）。

对于菜肴物性学参数，可以通过物性仪来分析。可以将人咀嚼菜肴的感觉用图形和具体的数据表示出来，依据物性学的基本原理，获得一系列样品的物性参数（或者称质构参数）。依据这些参数，可以对样品进行品质分类、质量控制和生产工艺的优化。

（一）物性仪的原理

物性仪是模拟人的触觉，分析检测触觉中的物理特征的仪器。在其主机的机械臂和探头连接处有一个力学感应器，能感应标本对探头的反作用力，并将这种力学信号传递给计算机，在应用软件的处理下，将力学信号转变为数字和图形显示于显示器上，直接快速地记录标本的受力情况。在计算机程序的控制下，可安装不同传感器的横臂并在设定的速度下上下移动，当传感器与被测物体接触达到设定触发力（trigger force）或触发深度时，计算机以设定的记录速度（单位时间采集的数据信息量）开始记录，并在计算机显示器上同时绘出传感器受力与其移动时间或距离的曲线。由于传感器是在设定的速度下匀速移动，因此，横坐标时间和距离可以自动转换，并可以进一步计算出被测物体的应力与应变关系。

（二）物性仪的应用

物性仪有许多配套探头，如破裂测试探头 HDP/TPB、黏着性探头 A/DS、轻型刀片 A/LKB、坚实度黏性测试探头 HDP/PFS、抗拉测试探头 A/SPR、柱型探头 P/35 等。在用物性仪评价食品品质时，首先要根据测试样品选择探头的形状、规格，然后再根据探头来选择操作模式如压缩模式或拉伸模式。通过不同种类的压缩、切割、挤压和拉伸模具进行测试，得出能够表示一些质构特性及相关关系的一个曲线图。

许多学者用物性仪分析食品在贮藏、保鲜、货架期等过程中的质构变化特性，从而得出影响食品质变的质构特征。潘秀娟等应用 TPA，对红富士与嘎拉苹果采后质地进行分析。确定出脆度、黏着性、凝聚性、回复性、咀嚼性 5 项参数可用于比较红富士与嘎拉苹果采后质地的差别，实验结果反映了嘎拉较红富士苹果更易出现绵软的质地特性。由于目前对于质构的评价没有统一标准，而物性仪用于食品品质的评价越来越普及化，因此为了得到更具可信度的结果，许多研究者致力于对质构的测试方法和测试参数的优化研究。

二、电子鼻

电子鼻是模拟动物嗅觉器官开发出的一种高科技产品，目前科学家还没有全部搞清楚动物的嗅觉原理。但是随着科技的发展，目前世界上较为权威的一些大学已经开发出具有广泛应用的电子鼻，最著名的要数德国的汉堡大学，在当今世界的传感器领域中具有绝对权威。

（一）电子鼻的原理

电子鼻主要由气敏传感器阵列、信号预处理和模式识别三部分组成。某种气味呈现在一种活性材料的传感器面前，传感器将化学输入转换成电信号，由多个传感器对一种气味的响应便构成了传感器阵列对该气味的响应谱。显然，气味中的各种化学成分均会与敏感材料发生作用，所以这种响应谱为该气味的广谱响应谱。为实现对气味的定性或定量分析，必须将传感器的信号进行适当的预处理（消除噪声、特征提取、信号放大等）后，采用合适的模式识别分析方法对其进行处理。理论上，每种气味都会有它的特征响应谱，根据其特征响应谱可区分不同的气味。同时还可利用气敏传感器构成阵列对多种气体的交叉敏感性进行测量，通过适当的分析方法，实现混合气体分析。电子鼻正是利用各个气敏器件对复杂成分气体都有响应却又互不相同这一特点，借助数据处理方法对多种气味进行识别，从而对气味质量进行分析与评定。

电子鼻常用的模式识别方法是统计模式识别方法，有主成分分析（principal component analysis，PCA）、单类成分判断分析（SIMCA）、判别因子分析（discriminant function analysis，DFA）和最小线性回归分析（PLS）。

1. PCA

主成分分析法在实际应用中常用于对高维空间降维，此外另一个重要应用是对多指标系统进行排序评估。在一个具有较多评估指标的系统中，常会遇到如何更科学、更客观地将这个多指标问题综合为单个指数的形式的问题，主成分分析法为样本排序或多指标系统评估提供了可行的方法。在利用主成分进行样本排序时要满足两个条件：首先，所有的评估指标变量都应该正相关。对于第一主成分，其系数都要大于零且比较大，若系数有正有负或近似为零，则第一主成分可能为无序指数，不能作为排序的评估指数。其次，一般情况下，第二主成分之后的各主成分不宜构造评估排序指数，因为这些指标基本上是无序的。

2. SIMCA 和 DFA

建立模型的分类分析方法，即把未知样品和以前分析过的经验数据作比较，经常使用的模型是 SIMCA 和 DFA。SIMCA 可以用来定性分析产品的合格与否，即指定了标准样品后，将未知样品与标准样品进行比较，判断未知样品的气味特点是否与指定的标准参考样品一致。SIMCA 模型要求有足够的标准参考数据，且识别率要高于 90%。DFA 是一种通过重新组合传感器数据来优化区分性的分类技术，它的目的是使组间距离最大的同时，保证组内差异最小，以达到区分不同等级、产地、强度的样品的气味特点。

3. PLS

回归分析是建立一个计算模型用来预测样品中某种成分的含量，通常使用最小线性回归分析。PLS 是一种线性量化技术，通过把独立的浓度矩阵进行组合，来达到优化反应数据矩阵和预测值之间的相关性的目的。

（二）电子鼻的应用

电子鼻系统的工作流程可简单归纳为：传感器阵列→信号预处理→模式识别方法→计算机识别（气体的定性定量分析）。电子鼻技术的主要特点有：①其响应时间短、检测速度快，不像其他仪器，如气相色谱传感器和高效液相色谱传感器需要复杂的预处理过程；②其测定评估范围广，它可以检测各种不同种类的物质，并且能避免人为误差，重复性好；③它还能检测一些人鼻不能够检测的气体，如毒气或一些刺激性气体等。该技术现已被广泛应用于各个领域，如食品行业、烟草行业、临床诊断及环境监测等。

三、电子舌

电子舌是西班牙科学家研发的，其利用电子传感系统和先进的计算程序，被应用于食品工业、医疗卫生、药品工业等方面。

1. 电子舌的原理

使用类似于生物系统的材料作传感器的敏感脂膜，当类脂薄膜的一侧与味觉物质接触时，膜电势发生变化，从而产生响应，检测出各类味觉物质量化关系，同人的味觉感觉相匹配而分析出酸、甜、苦、咸、鲜等味觉指标。这类仪器具有很高的灵敏度、可靠性和重复性，它可以对样品的感官指标进行量化，从而客观地衡量样品的感官状态。

2. 电子舌的应用

电子舌作为一种分析识别和检测复杂呈味物质的仪器，电子舌以其快速、简便、安全等特点迅速在很多领域内都得到广泛应用，如食品加工过程监测、食品新鲜度和货架寿命研究、掺假鉴别、成分鉴定、定量分析和其他质量控制。在肉与肉制品品质检测中也有较多的应用，如肉品新鲜度检测、定量分析、种类鉴别和肉品卫生质量等方面。

四、电子舌与电子鼻联合应用

人对食物的感官评价是一个综合性的考察，人的感官系统不仅受味觉与嗅觉单独影响，而且二者之间存在相互作用。食物对嗅觉与味觉分别产生不同的刺激作用，然而大脑接收到刺激信号不是单独存在的，嗅觉与味觉两种作用又会交互在一起，影响大脑对食物的判断。人的嗅觉和味觉的感官不是独立的，二者既单独作用又互相影响。电子舌与电子鼻由于其检测对象不同，有各自的优势检测范围。因此，研究中将电子舌与电子鼻联合应用，将检测的数据分别单独分析及融合数据分析。

电子舌与电子鼻技术因其模拟人类味觉、嗅觉感受机制，不仅具有仪器检测结果的客观可靠性，而且能够快速无损提供产品品质与安全的量值，能够快速筛选不合格产品，保证产品质量。对产品品质控制具有重要作用。电子舌与电子鼻主要应用在两个方面：一方面是用于鉴别不同产品并且对产品进行分类；另一方面是预先采集指定样品的特征信息，这个过程称为对电子舌或电子鼻的训练阶段，然后对未知分类的产品进行类别鉴定。第一种方法可以用于比较产品的异同，第二种方法可以用于产品真伪、是否合格等的应用。

五、气相色谱 - 质谱法（GC-MS）

1. 气相色谱 - 质谱法的原理

气相色谱是通过各化合物在色谱柱中的保留时间的不同对其进行分离的一种方法，比较适合于易挥发的有机化合物的测定，是挥发性成分研究中应用最广的分析方法之一。随着联用技术的不断成熟，现在仅用气相色谱法进行挥发性成分的研究越来越少，尤其是气相色谱 - 质谱法出现后。

气相色谱 - 质谱联机是通过气相色谱的分离功能与质谱的检测功能的有效结合而达到对挥发性组分成分的分析。气相色谱在所有的分离型仪器中最适合用于研究挥发性香味物质；质谱是用来鉴别未知化合物最强有力的技术，气相色谱的高分离能力与质谱的高灵敏度相结合，为挥发性成分的分析提供了强有力的保障。当挥发性混合物样品进入气相色谱质谱仪的进样口后，样品在谱柱中得到分离，被分离的化合物以不同的保留时间离开色谱柱出口进入离子源。化合物在离子源被电离形成的分子离子和碎片离子在电场、磁场或电磁组合的作用下，使这些带点粒子按照质荷比大小在空间或时间上产生分离，并测定离子峰强度，以此获得确定化合物的分子质量、分子式等结构信息。

2. 气相色谱 - 质谱法的应用

气相色谱 - 质谱法是一种很好的研究挥发性成分的分析方法，目前这种方法在食品风味物质的分离鉴定中应用广泛，已成为标准的常规方法，很多学者已用此方法对不同食品风味成分进行了研究。GC-MS 可以对不同品种苹果的主要芳香成分进行定性和定量分析，比较不同品种之间芳香成分在种类和含量上的差异。GC-MS 应用于菠萝汁及其加工过程中挥发性风味成分的变化，分析了海南产冬菠萝鲜汁香气成分，以及加热、发酵对香气成分的影响和变化，结果检测到鲜汁挥发性风味成分有 62 种、鲜汁加热后的风味成分有 52 种、发酵后的风味成分有 60 种。GC-MS 可以在金华火腿的挥发性风味物质鉴定、酱油的挥发性风味成分、胡椒粉的风味成分方面进行分析。

六、近红外光谱法（NIR）

（一）近红外光谱的原理

近红外光谱属于分子振动光谱的倍频和主频吸收光谱，主要是由于分子振动的非谐振性使分子振动从基态向高能级跃迁时产生的，具有较强的穿透能力。NIR 技术作为一种分析手段，可以测定有机物以及部分无机物。这些物质分子中化学键结合的各种基团（如 O—H，C═O，N—H，C—H）的伸缩、振动和弯曲等运动都有固定的振动频率。当分子受到红外线照射时，被激发产生共振，同时光的能量一部分被吸收，测量其吸收光，可以得到极为复杂的图谱，这种图谱表示被测物质的特征。近红外光谱分析主要包括两种技术，即反射光谱技术和透射光谱技术。反射光谱技术是光源与检测器在样品的同一侧，检测器检测到的信息是样品反射回的光信息。透射光谱技术则是将待测样品放在光源与检测器之间，检测器检测到的信息是光与样品分子相互作用后的信息。

（二）近红外光谱的特点

近红外光谱技术之所以能在短短 10 年内成为一种快速、高效、同时适合定性和定量分析的有利工具，是由其在有机化合物的分析测定中诸多独特的优越性所决定的。

1. 分析速度快、产出多

近红外光谱的采集时间很短，随后的数据处理及统计分析都是由计算机进行的。因此在日常分析中，包括了样品准备等工作时间，在 5min 以内即可得到数据。此外，由于在测定过程中，样品中的各个组分对近红外光线都有吸收，因此，通过样品的一张光谱，即可测得样品的各种性质与组成。而且，近红外光谱可实现在线检测。

2. 样品无需前处理、无污染、低成本

近红外光谱数据取得可以是透射方式，也可以是漫反射方式。因此样品可以是气、液、固任一形态，不必做任何形式的改变，对样品的外观和内在结构都不产生影响。

3. 分析重现性好

由于光谱测量的稳定性，测试结果较少受人为因素的影响，与标准的参考方法比较，一般具有更好的重现稳定性。

（三）近红外光谱的应用

近红外光谱技术在农产品、食品、药物和化工产品的定性和定量分析中得到了非常广泛的应用。在发酵工业中，近红外技术可以用来测定发酵乳的蛋白质含量、脂肪含量和总固形物含量，也可以用来测定葡萄酒和啤酒发酵过程中各种香味成分及各种糖类的含量；在茶饮料生产中，用于实时测量茶饮料中茶多酚的含量；在油脂工业中，近红外技术可以用来测定大豆和花生等脱皮工序中豆皮的蛋白质和含油量，浸出粕工序中浸出粕的含油量，成品粕生产工序中水分、蛋白质和油的含量，以及检测油脂的不饱和程度；在肉制品中，近红外技术用于研究肉制品加工过程中的添加剂对脂肪、水分和蛋白质含量测定的影响。

第七节　菜肴感官评价的应用

近年来，感官评价已经成为菜肴质量评定的一个重要手段。

一、感官评价的应用

以“滑炒鸡丝”为例，考察蛋清、水、淀粉用量，以及滑炒时间对“滑炒鸡丝”菜肴品质的影响，采用感官评价方法确定最佳的工艺要素。

（一）材料与方法

1. 实验材料及流程

鸡脯肉、鸡蛋、淀粉、大豆油等。

不锈钢操作台、不锈钢炉灶、电子秤（ACS-A型电子计重器）、红外温度计、秒表等。

工艺流程：

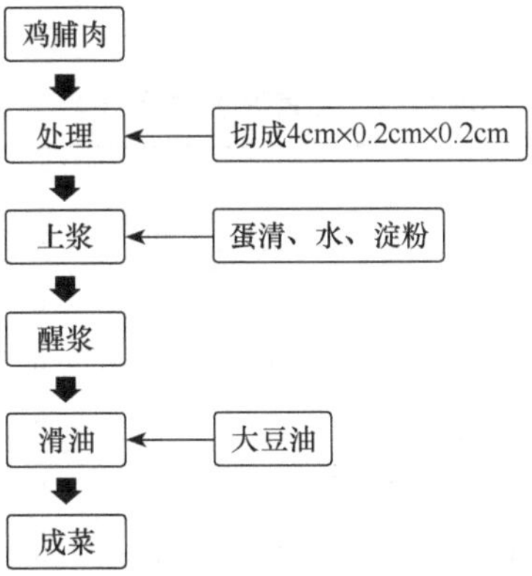

2. 正交试验设计

“滑炒鸡丝”工艺的关键因素是蛋清、水、淀粉用量及滑油时间，各个因素在制作过程中相互影响、相互制约。因此，为了更好地考察试验因素，确定最佳工艺要素，以单因素试验为基础，使用25g蛋清、10g水、18g淀粉、30s加热时间为基准设计正交试验，如表8-11所示。

表8-11　正交试验水平表

水平＼因素	A. 蛋清用量/g	B. 水的用量/g	C. 淀粉用量/g	D. 加热时间/s
1	21	8	15	25
2	25	10	18	30
3	29	12	21	35

3. 感官评价方法

选择10名感官评价专业人员组成的评定小组，要求感官评价人员在评定前12h内不喝酒、不吸烟、不吃辛辣等刺激性食物。样品分别用代号1～9表示，评价人员单独进行评定。

为提高评定的可信度，对同一批样品按不同顺序在 3 个不同时间进行 3 次评分，结果取平均值。感官评价指标：根据产品的形状、质地、口感等情况进行评分，评分标准如表 8-12 所示。

表 8-12 感官评价标准

等级	因素		
	形状	质地	口感
优	鸡丝不粘连	鸡丝光滑细腻，无肌纤维纹理	软嫩滑爽，无硬质纤维
良	少量粘连	稍有粗糙感，无肌纤维纹理	外层软嫩，内层稍有硬质纤维
中	较多粘连，结成小块	轻微脱浆，较粗糙，可见少量肌纤维纹理	较软嫩，硬质纤维稍多
差	粘连严重，结成大块肉团	大量脱浆，粗糙发毛，肌纤维纹理明显	粗糙、发柴、发硬，纤维感明显

（二）感官评价结果

由 10 名感官评价人员对 9 道“滑炒鸡丝”按形状、质地、口感进行了逐一评价，汇总评定结果如表 8-13 所示。

表 8-13 感官评价试验结果

试验组合	形状				质地				口感			
	优	良	中	差	优	良	中	差	优	良	中	差
1 号	3	4	2	1	1	7	2	0	3	4	2	1
2 号	4	6	0	0	7	2	1	0	4	5	1	0
3 号	2	6	1	1	2	7	1	0	3	5	2	0
4 号	3	7	0	0	3	6	1	0	3	5	1	1
5 号	3	6	1	0	1	8	1	0	6	4	0	0
6 号	3	7	0	0	3	7	0	0	4	5	1	0
7 号	0	8	1	1	4	6	0	0	3	7	0	0
8 号	0	8	1	1	2	8	0	0	1	7	2	0
9 号	1	9	0	0	1	9	0	0	3	5	1	1

将对 9 道菜肴的数据分别除以品评总人数（10），得到 9 个模糊评判矩阵，分别对应 1～9 号实验。

$$\boldsymbol{R}_1=\begin{vmatrix} 0.3 & 0.4 & 0.2 & 0.1 \\ 0.1 & 0.7 & 0.2 & 0 \\ 0.3 & 0.4 & 0.2 & 0.1 \end{vmatrix}$$

$$\boldsymbol{R}_2=\begin{vmatrix} 0.4 & 0.6 & 0 & 0 \\ 0.7 & 0.2 & 0.1 & 0 \\ 0.4 & 0.5 & 0.1 & 0 \end{vmatrix}$$

$$R_3=\begin{vmatrix} 0.2 & 0.6 & 0.1 & 0.1 \\ 0.2 & 0.7 & 0.1 & 0 \\ 0.3 & 0.5 & 0.2 & 0 \end{vmatrix}$$

$$R_4=\begin{vmatrix} 0.3 & 0.7 & 0 & 0 \\ 0.3 & 0.6 & 0.1 & 0 \\ 0.3 & 0.5 & 0.1 & 0.1 \end{vmatrix}$$

$$R_5=\begin{vmatrix} 0.3 & 0.6 & 0.1 & 0 \\ 0.1 & 0.8 & 0.1 & 0 \\ 0.6 & 0.4 & 0 & 0 \end{vmatrix}$$

$$R_6=\begin{vmatrix} 0.3 & 0.7 & 0 & 0 \\ 0.3 & 0.7 & 0 & 0 \\ 0.4 & 0.5 & 0.1 & 0 \end{vmatrix}$$

$$R_7=\begin{vmatrix} 0 & 0.8 & 0.1 & 0.1 \\ 0.4 & 0.6 & 0 & 0 \\ 0.3 & 0.7 & 0 & 0 \end{vmatrix}$$

$$R_8=\begin{vmatrix} 0 & 0.8 & 0.1 & 0.1 \\ 0.2 & 0.8 & 0.1 & 0 \\ 0.1 & 0.7 & 0.2 & 0 \end{vmatrix}$$

$$R_9=\begin{vmatrix} 0.1 & 0.9 & 0 & 0 \\ 0.1 & 0.9 & 0 & 0 \\ 0.3 & 0.5 & 0.1 & 0.1 \end{vmatrix}$$

依据模糊变换原理，用矩阵乘法计算样品对各类因素的综合隶属度 $Y_j=X \cdot R_j$。例如，对 1 号样品进行评价，并归一化：

$$Y_1=X \cdot R_1=(0.3,\ 0.3,\ 0.4)\cdot\begin{vmatrix} 0.3 & 0.4 & 0.2 & 0.1 \\ 0.1 & 0.7 & 0.2 & 0 \\ 0.3 & 0.4 & 0.2 & 0.1 \end{vmatrix}$$

$$=(0.25,\ 0.469,\ 0.208,\ 0.073)$$

按照此方法对各个样品的评分结果进行综合分析得到评判结果 Y_j 如表 8-14 所示。

表 8-14　综合评判结果

Y_j	评判结果集
Y_1	（0.25，0.469，0.208，0.073）
Y_2	（0.49，0.44，0.07，0）
Y_3	（0.24，0.59，0.14，0.03）
Y_4	（0.3，0.59，0.07，0.04）
Y_5	（0.36，0.58，0.06，0）
Y_6	（0.34，0.62，0.04，0）
Y_7	（0.24，0.7，0.03，0.03）
Y_8	（0.1，0.76，0.11，0.03）
Y_9	（0.18，0.74，0.04，0.04）

将表 8-14 中综合评价结果分别乘以其对应的分值（优、良、中、差依次赋予分值 90、80、70、60 分），并进行加和，最后可得出每个样品的总得分，如表 8-15 所示。

表 8-15　$L_9(3^4)$ 正交试验结果

水平＼因素	A. 蛋清用量 /g	B. 水的用量 /g	C. 淀粉用量 /g	D. 加热时间 /s	得分
1	A_1	B_1	C_1	D_1	79.0
2	A_1	B_2	C_2	D_2	84.2
3	A_1	B_3	C_3	D_3	80.4
4	A_2	B_1	C_2	D_3	81.5
5	A_2	B_2	C_3	D_1	83.0
6	A_2	B_3	C_1	D_2	83.0
7	A_3	B_1	C_3	D_2	81.5
8	A_3	B_2	C_1	D_3	79.3
9	A_3	B_3	C_2	D_1	80.6
K_1	81.2	80.7	80.4	80.9	
K_2	82.5	82.2	82.1	82.9	
K_3	80.5	81.3	81.6	80.4	
R	2	1.5	1.7	2.5	

通过对正交实验的结果分析表明，“滑炒鸡丝”的最佳制作方法为 $A_1B_2C_2D_2$，即称量鸡丝 100g，加入 1g 食盐，搅拌至鸡丝黏稠有劲后加入蛋清 21g、水 10g、淀粉 18g、滑油加热时间 30s。此外，4 种因素对“滑炒鸡丝”的影响为：时间＞蛋清＞淀粉＞水。

二、人机一体化感官评价应用

将感官评价与仪器测试相结合进行评价菜肴的品质已经成为未来的发展趋势。杨铭铎课题组以水分含量、剪切力及感官评价为指标，对清炸和干炸工艺的猪肉片进行了对比优化，找出了两者工艺差异的原因及品质的影响。

（一）材料与方法

1. 实验材料及流程

猪后腿肉、食盐、玉米胚芽、马铃薯淀粉。

Gala 台式远红外辐射炉、轴承式热电偶（直径 0.5mm，1mm）、无纸记录仪、CLM-4 数显式肌肉嫩度仪。

清炸工艺流程：猪后腿肉改刀→第一次油炸→沥油→第二次油炸→成品→测定。

干炸工艺流程：猪后腿肉改刀→挂淀粉糊（肉 - 糊质量比为 4∶1）→第一次油炸→沥油→第二次油炸→成品→感官评价；同时经去糊测定。

2. 测定方法

1）感官评价：第一次油炸肉片感官评价其半成品采用模糊综合评判法，见表 8-16，由 10 名相关领域研究者采用主观赋权法确定多汁、风味、组织质地和外观色泽 4 个指标的权重系数分别为 0.35、0.15、0.35、0.15。对 10 种评判结果进行统计得出模糊矩阵，将模糊矩阵与权重向量合成得到评定结果向量。再对结果进行归一化及评分域对比处理，最后得到的归一化结果的向量峰值即为该食品感官质量的综合模糊评判结果。

表 8-16　第一次油炸感官评价表

项目	感官质量	评分
多汁	汁多且入口饱满	好
	汁较多，入口较饱满	较好
	汁较少，入口一般	可接受
	汁过于少，入口干涩	差
风味	风味良好，且爽口	好
	风味一般，较爽口	较好
	风味一般，无不良气味	可接受
	风味差，有异味	差
组织质地	结实且软硬适中	好
	结实且软硬度较好	较好
	软硬度一般	可接受
	过硬、过软、发黏	差
外观色泽	外观平整，呈明亮的浅黄色	好
	外观较平整，呈浅黄色带亮白色	较好
	表面没有凸起，呈亮白色或黄褐色	可接受
	外观不平整，呈生红色或生白色	差

第二次油炸肉片感官评价其成品采用打分法中的九点标定法，见表 8-17，每项满分为 9 分，选取嫩度、脆度、风味、色泽 4 项指标综合得到最后的总体得分。实验选取 10 人嗜好型评审团进行感官评价，评价结果去掉两个极值后取平均值为最终评价结果。

表 8-17　二次油炸感官评价表

评分项目	权重 /%	评分标准
嫩度	30	质地柔软、容易下咽为 7～9 分；质地较软、吞咽顺畅为 4～6 分；质地粗糙，咀嚼困难，难以下咽为 1～3 分
脆度	30	外表脆，咀嚼清爽为 7～9 分；外表软脆，咀嚼偏软为 4～6 分；外表软塌，咀嚼粘口为 1～3 分
风味	20	呈肉固有的香气和滋味，爽口为 7～9 分；无不良气味，较爽口为 4～6 分；有异味为 1～3 分
色泽	20	枣红色或金黄色为 7～9 分；色偏淡为 4～6 分；棕褐色或红白色为 1～3 分

2）剪切力测定：本实验剪切力的测定采用 CLM-4 数显式肌肉嫩度仪测定，嫩度值采用 2 倍值计，当肉片中心温度 70℃时，选择 1.5cm×1cm×0.5cm 的肉块进行测定。

3）水分测定：水分测定按照《食品安全国家标准　食品中水分的测定》（GB 5009.3—2016）。

4）中心温度测定：将轴承式热电偶小心地插入肉品几何中心，为了减少中心温度的人工误差，每个实验做 3 次平行实验，结果取平均值。

（二）感官评价结果

1. 第一次油炸工艺优化

根据第一次油炸实验，得到相应成品的水分含量、剪切力及感官评价结果，见图 8-2 和图 8-3 及表 8-18。

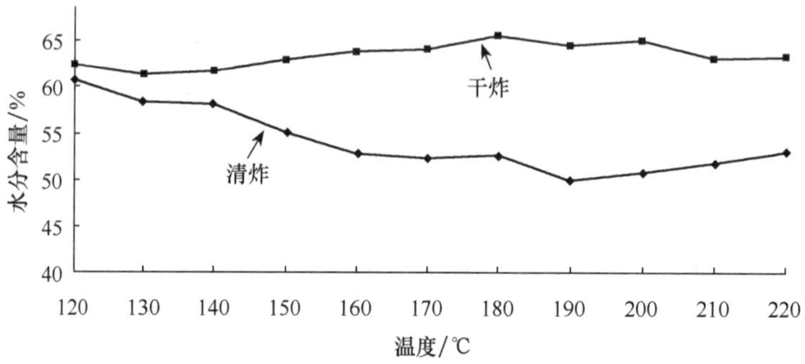

图 8-2　第一次油炸肉片水分含量

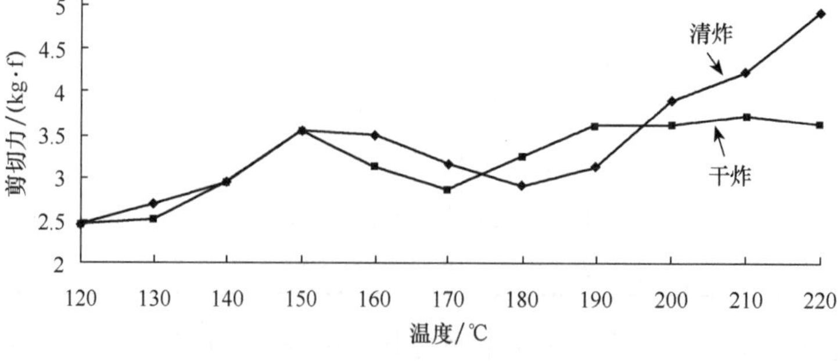

图 8-3　第一次油炸肉片剪切力值

由图 8-2 可见，清炸的水分含量在不断减少，当温度大于 190℃时，水分含量有稍微增加的趋势；干炸去糊肉片水分含量随温度的变化波动不大，其中 170～200℃数值偏高，可以看出干炸比清炸更能保持猪肉片的水分含量。图 8-3 可见，清炸的剪切力变化可以分为 3 个部分。干炸去糊肉片的剪切力在温度小于 150℃时逐渐增大，当温度大于 150℃时开始减少，在 170℃时剪切力达到相对最低点。

表 8-18　第一次油炸感官评价结果

油炸温度 /℃	清炸感官评价	干炸感官评价
120	差（发软、无味、色白）	差（发软、无味、色白）
130	可接受（无味、色白）	差（发软、无味、色白）
140	可接受（无味、色白）	可接受（不香脆、色白）
150	较好（软硬较好、色泽偏黄）	较好（较香脆、色偏亮）
160	较好（软硬较好、色泽偏黄）	好（软硬适中、香脆、色亮）
170	好（软硬适中、香脆、枣红色）	好（软硬适中、香脆、色亮）
180	好（软硬适中、香脆、枣红色）	好（软硬适中、香脆、色亮）
190	好（软硬适中、香脆、枣红色）	较好（偏硬、较香脆、色亮）
200	较好（较硬、色浓）	较好（偏硬、较香脆、色亮）
210	较好（偏硬、局部褐色、外观凸凹）	可接受（较硬、边角褐色）
220	可接受（硬、局部褐色、外观凸凹）	可接受（较硬、边角褐色）

由表 8-18 可见，清炸在 170～190℃时感官评价最好，干炸去糊肉片在 160～180℃时感官评价最好。

2. 二次油炸工艺优化

二次油炸实验，得到相应成品的水分含量、嫩度及感官评价，见图 8-4 和图 8-5 及表 8-19。

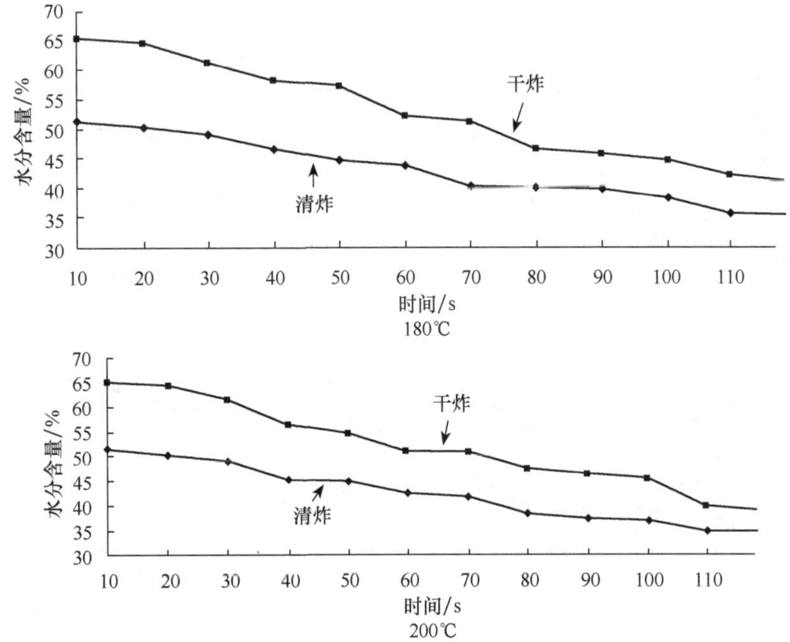

图 8-4　不同温度条件下二次油炸肉片水分含量

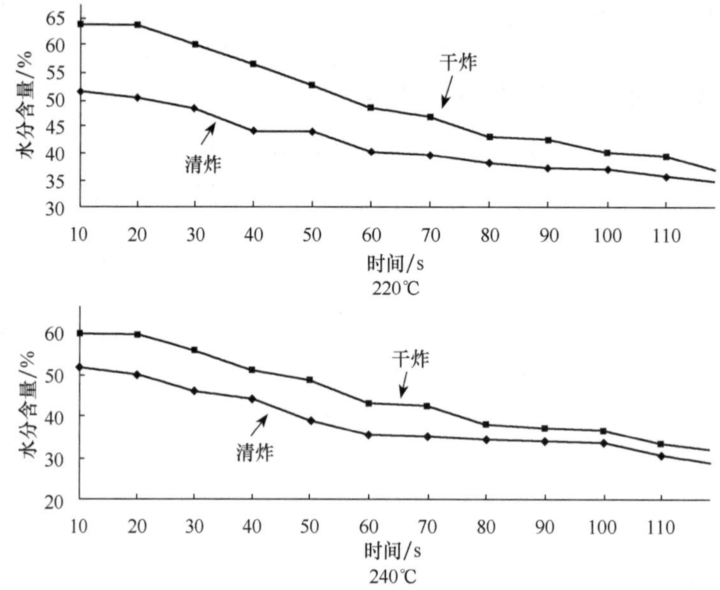

图 8-4　不同温度条件下二次油炸肉片水分含量（续）

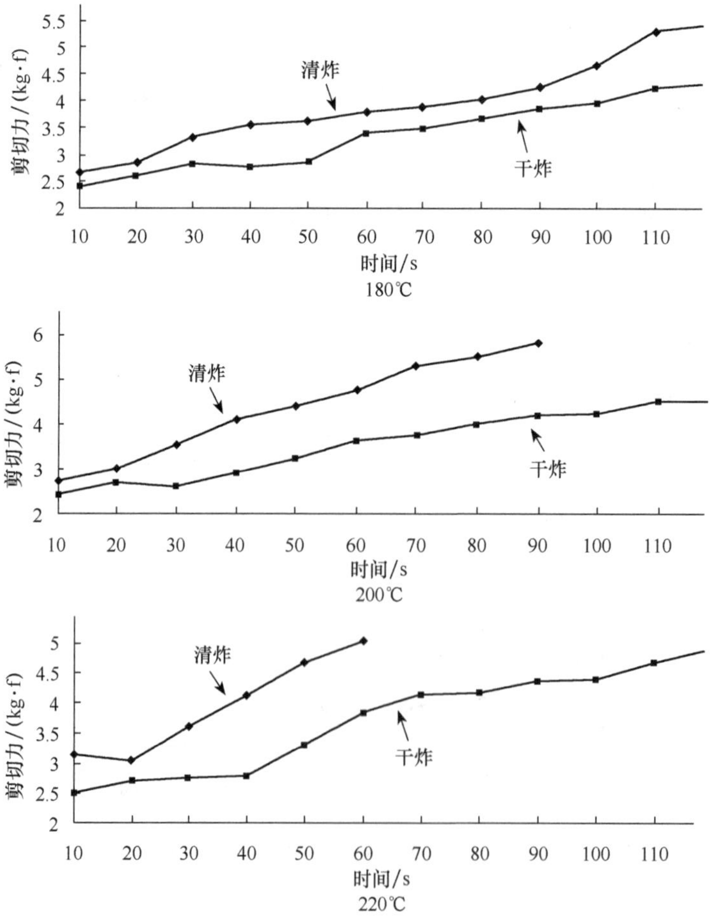

图 8-5　不同温度条件下二次油炸肉片剪切力值

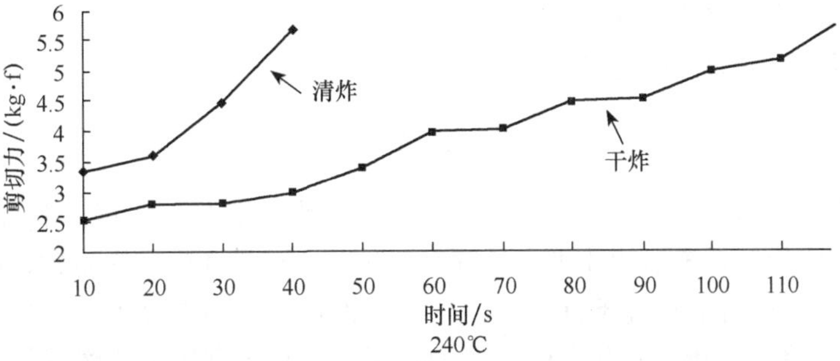

图 8-5 不同温度条件下二次油炸肉片剪切力值（续）

表 8-19 第二次油炸成分感官评价得分

时间 /s	感官得分（180℃）		时间 /s	感官得分（200℃）		时间 /s	感官得分（220℃）		时间 /s	感官得分（240℃）	
	清炸	干炸		清炸	干炸		清炸	干炸		清炸	干炸
10	5.6	6.0	10	6.0	6.2	10	6.1	6.5	10	5.4	7.2
20	6.2	6.7	20	7.0	6.8	20	6.7	7.3	20	4.8	6.8
30	6.7	6.3	30	6.7	7.5	30	6.3	6.9	30	4.6	6.6
40	6.2	5.4	40	6.4	6.4	40	5.4	6.1	40	4.2	5.9
50	5.7	4.8	50	5.5	5.3	50	5.2	5.4	50	4.0	5.2
60	5.5	4.2	60	5.2	4.5	60	4.6	4.9	60	3.6	5.0
90	3.4	4.0	90	3.8	3.5	90	3.6	3.8	90	2.6	4.0
120	3.0	3.0	120	2.8	2.7	120	2.5	3.2	120	2.0	2.8

从图 8-4 可见，随着油炸时间的增加，清炸、干炸成品的水分含量在不断减少，下降趋势明显，干炸水分含量比清炸水分含量大；在油炸时间为 10～20s 时水分含量变化幅度不大，水分含量较高，且随着时间的不断延长，水分含量的变化趋势都在增大。

从图 8-5 可见，随着油炸时间的延长，清炸、干炸剪切力逐渐增大，在油炸时间为 10～20s 时变化幅度不大；清炸有超出 CLM-4 数显式肌肉嫩度仪的量程的实验，分别是油温 200℃，时间 120s；油温 220℃，时间 90～120s；油温 240℃，时间 50～120s。这是由于温度太高，表面硬化，使得在剪切力测定过程中易超出量程，因此后面的实验结果无法讨论，温度低于 200℃的油炸肉片剪切力值较好。

对比清炸与干炸工艺可以看出，干炸肉片由于淀粉糊油炸中形成的外壳膜可以保护肉片的水分含量，清炸肉片要依靠高温形成的壳膜保持自己的水分含量；另外，温度越高，淀粉糊形成的外壳比清炸肉片外壳的厚度越大，加热到中心温度 70℃所需时间越长，色泽易变褐，所以清炸第一次油炸温度相对偏高；二次油炸清炸时间比干炸偏短。

讨论题

1. 如何建立感官评价室？
2. 如何制备和呈送菜肴样品？

3．如何筛选感官评价人员？

4．如何根据菜肴的评价要求选择感官方法？

阅读引导

1．韩北忠，童华荣，杜双奎．2009．食品感官评价［M］．北京：中国林业出版社

《食品感官评价》系统地阐述了食品感官评价的心理学和生理学基础、评价员的筛选与培训、食品感官评价的环境条件、食品感官评价技术与结果分析，并介绍了感官评价在食品感官质量控制和新产品开发中的典型应用、食品感官质量的客观化评价技术及其进展。

2．汪浩明．2007．食品检验技术［M］．北京：中国轻工业出版社

《食品检验技术》内容包括概论、食品感官鉴定的生理和心理基础、食品感官鉴定良好的实践原则、感官鉴定的内容和技术、感官鉴定的分析方法及几种常见食品的鉴别方法等。

3．张水华，徐树来，王永华．2006．食品感官分析与实验［M］．北京：化学工业出版社

《食品感官分析与实验》介绍食品感官分析的原理、感觉的基础、食品感官分析的环境条件、评价员的选拔与培训，以及食品感官实验的设计、实施及统计分析等基础知识之外，力图结合中国的国情和课程特点，更加注重实用性和教学需要，尽量简化繁琐的统计学理论，加大了应用案例和实验内容比例，使其可读性和实用性增强。

4．祝美云．2011．食品感官评价［M］．北京：化学工业出版社

《食品感官评价》主要阐述了食品感官评价的生理学基础、评价员的选用与培训、食品感官评价的环境条件、方法的选定与结果分析、食品的识别技巧，并运用大量的实例全面介绍了各种食品的感官评价方法。